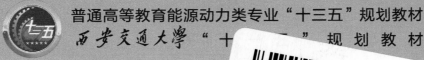

普通高等教育能源动力类专业"十三五"规划教材

西安交通大学"十三五"规划教材

电厂热工过程控制系统

主编 巨林仓

编者 刘齐寿 杨清宇 张 钊

西安交通大学出版社

XI'AN JIAOTONG UNIVERSITY PRESS

内容提要

本书力图体现火电厂自动化系统和热工控制内容概貌。从火电机组的自动化内容入手,介绍了实现火电机组自动控制的典型 DCS;阐述了协调控制、锅炉给水控制、汽温控制、燃烧控制、汽轮机控制、旁路控制、给水泵汽轮机控制的原理和系统组成;介绍了机组顺序控制系统、安全监控系统的功能和组成原则;同时结合控制系统原理和应用,给出了控制系统实例。

全书图文并茂,理论联系实际,特别注重原理和工程实用性。本书可作为高等学校能源与动力工程类专业"电厂热工控制系统"课程教材,也可供相关科技人员参考使用。

图书在版编目(CIP)数据

电厂热工过程控制系统/巨林仓主编. —西安:西安交通大学出版社,2009.7(2022.7 重印)
ISBN 978 - 7 - 5605 - 3076 - 5

Ⅰ.电…　Ⅱ.巨…　Ⅲ.火电厂-热力工程-自动控制系统　Ⅳ.TM621.4

中国版本图书馆 CIP 数据核字(2009)第 032139 号

书　　名	电厂热工过程控制系统
主　　编	巨林仓
责任编辑	李海丽
出版发行	西安交通大学出版社
	(西安市兴庆南路 1 号　邮政编码 710048)
网　　址	http://www.xjtupress.com
电　　话	(029)82668357　82667874(市场营销中心)
	(029)82668315(总编办)
传　　真	(029)82668280
印　　刷	西安日报社印务中心
开　　本	727mm×960mm　1/16　**印张** 14　**插页** 1　**字数** 260 千字
版次印次	2009 年 7 月第 1 版　2022 年 7 月第 5 次印刷
书　　号	ISBN 978 - 7 - 5605 - 3076 - 5
定　　价	28.00 元

如发现印装质量问题,请与本社市场营销中心联系。
订购热线:(029)82665248　(029)82667874
投稿热线:(029)82664954
读者信箱:jdlgy31@126.com

前　言

　　现代火力发电机组,特别是大容量、高参数机组,其复杂程度越来越高,对其操作、控制和保护的要求也越来越高。自动化技术日新月异的发展为火电生产的自动化提供了可靠的基础。

　　本书根据能源动力类及其相关专业的"电厂热工控制系统"教学需要而编写,可作为高等学校能源动力、机械类专业电厂热工过程控制系统课程教材,也可作为相关工程技术人员的参考书。

　　本书在历年能源动力类"电厂热工控制系统"课程教学的基础上,根据教学改革的需要编写而成。力求基本概念准确,基本原理清晰,重点内容突出。

　　全书共分为7章。第1章火电厂自动化综述,第2章火电厂自动化系统。介绍了过程自动化技术的发展、分布式控制系统和典型的火电厂DCS系统、现场总线控制系统、全厂监控信息系统及600 MW机组自动化系统配置和设备布局。第3章介绍单元机组协调控制系统任务、控制方案和控制系统组成。第4章介绍锅炉模拟量控制系统,包括给水控制、汽温控制、燃烧控制的任务、控制原理、控制方案和系统组成;同时简要介绍了直流锅炉的控制特点以及主要辅机控制原理。第5章介绍汽轮机功频控制的原理、数字电液控制系统、汽动给水泵控制系统、汽轮机旁路控制系统的组成和原理。第6章介绍火力发电机组典型的自启/停、功能组级和设备组、输煤、吹灰、除灰除渣和水处理等顺序控制系统的任务和组成。第7章介绍炉膛安全监控系统或燃烧器管理系统原理和组成,汽轮机监控仪表工作原理和组成。第3、4章都给出一套工程控制系统,但对其只做了最简要的说明。

西安交通大学巨林仓编写第 1 章、第 3 章和第 4 章,并对全书进行了统稿。西安交通大学刘齐寿编写第 6 章和第 7 章。西安交通大学杨清宇编写第 2 章。张钊老师编写第 5 章。全书由西安交通大学宋又祥教授主审,在西安交通大学出版社的大力支持和编辑李海丽的悉心编审下,得以顺利出版,在此一并致谢。

尽管作者对于本书书稿进行了认真的修改,但由于水平所限,书中的不足和疏漏在所难免,真诚希望读者批评指正。

编　者

2009 年 4 月

目　录

第1章 火电生产自动化

火力发电机组由锅炉、汽轮机、发电机及其辅助设备组成,系统庞大,工艺过程复杂,众多设备需要协调运转,有数千个过程参数及设备状态参数需要监测、操作或控制。为了保证电力生产高度的安全性、可靠性和经济性,提高大型火力发电机组的自动化水平就显得特别重要。目前,以计算机为基础的分布式控制系统(Distributed Control System,DCS)普遍地应用在火力发电厂中,形成集监测、控制、保护、操作以及管理于一体的多功能自动化系统。

1.1 火力发电生产过程特点

电力工业是人类现代文明赖以维持和发展的基础工业,在我国的电力生产结构中,火力发电生产占主导地位。因此,对火力发电生产的特点和生产过程的控制进行研究也成为十分重要的问题。火力发电生产过程是把煤、石油或天然气等燃料的化学能,经过燃烧转换为热能,再由热能到机械能,机械能到电能转换的全过程,它具有以下特点。

1. 火力发电生产是一个不可中断的连续过程

一方面,电能的生产是一个连续的生成过程,火力发电生产过程必须连续进行;另一方面,电能的需求具有很大的随机性,且不能大量贮存,电厂所发出的功率必须和用户需求的功率相平衡。生产的连续性和负荷的适应性是电力生产的两个显著的特点,这两个问题处理不好就会影响供电质量,甚至会给国民经济带来巨大的损失。所以,对电力生产过程进行有效的控制是必不可少的。

2. 火力发电机组是一个庞大的复杂系统

火力发电生产包含了化学能到热能、热能到机械能、机械能到电能的多次能量形式转换,因而生产过程设备多、系统组成庞大且复杂。各种热力设备,由于工作原理、结构不同,其动态特性存在很大差异,系统中设备相互间也有很大的影响。要使每台设备都能工作在最佳状态,使整个系统协调一致地工作,保证机组的正常运行,必须依靠自动控制系统。

3. 火力发电生产的安全性、可靠性极其重要

由于电力工业在社会生产和生活中处于至关重要的位置,供电不足或中断会直接影响到国民经济的正常运行和社会稳定,因此火力发电机组的安全性、可靠性是至关重要的。火力发电过程的许多设备长期工作在高温、高压和比较恶劣环境下,容易出现设备故障。因此必须对设备的状态进行不间断地监测,并进行故障的判断、联锁和保护等,保证设备始终处于良好的运行状态,同时能迅速处理已发生的故障或事故。完成这些工作,必须借助于自动化系统。

4. 火力发电生产与环境保护

目前,煤炭、石油和天然气等化石能源仍在整个能源构成中占据主导地位,这种局面在几十年内不会改变。煤炭化石能源直接应用于火力发电会带来一系列严重的环境污染。比如硫氧化物、氮氧化物对大气的污染、固体废物、水污染和热污染等。当前我国每年火力发电厂的烟尘排放量约为 350 wt,占全国烟尘排放量的 35%。其中微细粒子(小于 10 μm)排放量超过 250 wt,是影响城市大气质量和能见度的主要因素,并严重危害人体健康。因此,减少污染,保护环境已经成为火力发电生产中的重要工作之一。

1.2 　火电生产过程自动化任务

现代火力发电机组的特征是大容量、高参数、高度自动化,自动化系统已经成为大型火力发电机组不可缺少的一部分。一台 600 MW 的机组,其检测参数约 10 000 个,需控制的点约 1 200 个之多。所以采用传统的人工操作控制方式根本不可能满足大机组的生产要求,必须依靠先进、可靠的控制设备及系统,才能保证机组安全、经济地运行,提高设备的可靠性及运行效率。

火力发电机组需要控制的参数,可以分为两大类:一类是连续变化的模拟量,如蒸汽压力、温度、给水流量、汽包水位、汽轮机转速等;另一类则是只有两种状态的开关量,如开关的通或断,某些泵、电机的运行或停运等。

模拟量控制主要是为了维持该参数在给定值上或者该参数按事先确定的规律变化。实现这样的控制目标,基本原理是采用反馈的闭环控制。因为反馈控制系统的输出(被控量)直接参与了控制过程,具有修正偏差的能力,可以使被控量与给定值相等或在一定的偏差允许范围内。火力发电厂许多模拟量参数要求保持在一个固定值上,如汽包水位、主蒸汽温度等,因而要求反馈控制系统具有克服各种扰动的能力。当扰动导致被控量偏离给定值时,通过控制使被控量最终回复到给定值上,这样的自动控制系统称为自动调节系统。自动调节是电厂生产过程中的一

个主要控制任务,本书中我们把自动调节也称为自动控制。当被控对象惯性大、响应慢、结构复杂时,单回路反馈控制系统往往不能达到满意的控制效果,这就需要采用比较复杂的控制原理,如串级控制、反馈-前馈控制等。

开关量用来表示某些设备所处的工作状态是运行,还是停运,即开/关。这种信号简单,控制任务也比较简单。但这种开关量的转换往往是有条件的,所以这样的控制系统必须具有较强的逻辑判断功能。

除了基本的模拟量、开关量控制外,保护、优化运行、信息管理,也成为电厂自动化系统的重要组成部分。总体而言,电厂自动化系统必须具备如下基本功能。

1.2.1　数据采集

生产过程数据是运行人员监视和操作的基础,也是计算机进行机组综合管理的原始数据。从广义上来讲,数据采集系统(Data Acquisition System, DAS)应该称为监视系统(Monitoring System, MS)。为了监督生产过程的进行情况和检查对生产过程进行操作后的效果,把反映生产过程运行情况的各个物理参数和各种生产设备的工作状态传递到集中控制室内,以适当的方式显示、处理、记录,使运行人员能及时掌握设备状态和生产过程。配合数字显示、图像显示、越限报警、综合性能指标计算,或对运行趋势进行分析判断,给出运行指导意见。

1. 模拟量输入

电厂热工过程模拟量输入的类型有:温度、压力、流量、液位、电量、转速、固体粉末、化学成份、分析量等等。根据参数的特点及其在系统中的作用,对每个参数可设定不同的采样周期。还要对采样得到的数据进行数据预处理,工程值变换,限幅和报警。

(1) 数据预处理　首先对输入数据进行量程检查。当输入数据超过量程时,说明检测装置的某环节工作异常,将异常信息输出给运行人员,并同时记入运行档案。

数据预处理包括差值计算、变化率计算和平均值计算。有些系统中还对重点参数进行正确性判断,即对同一参数设置多台变送器(两台或三台),通过正确性判断程序,取出正确数据,以提高重要参数的可靠性。对经过预处理和正确性判断的参数进行限幅检查、报警显示、打印等。

(2) 工程值变换　从 A/D 转换器得到的数字信号,只有通过变换才能成为反映生产过程的工程数据。工程值的变换,原则上是对每一个参数分别进行。对于热电偶直接输入的信号必须进行冷端补偿;对于用差压原理测量的流量信号要进行温度、压力补偿,并进行线性化处理。

(3) 限幅和报警　对于模拟量输入信号可与预先设定的限值进行比较,如果超过限幅范围,发出报警信号,并作相应的处理。限幅值根据参数的重要程度来确定,可以是定值,也可以是随机组的运行状态而改变的变幅值,还可以有几个限幅值。例如,汽包水位信号的限值可以设计成越限、报警、事故三档,根据实际检测到的水位信号分别进行不同的处理。

当参数在限幅值附近上下变化或为方便系统调试,可以设置不同幅度的不灵敏区或切除报警开关。当出现参数越限或报警时,除了发出声、光报警信号之外,还应该记录、显示、打印有关信息,以帮助运行人员进行处理。

2. 开关量输入

开关量(也称数字量)除自动控制使用的信号外,主要包括辅机运转状态及其相关信息,如给水泵、风机等设备的状态和状态变化时间;设备联锁装置的动作及动作时间,如危机保安器,发电机跳闸是否动作及动作发生时间;以及需要进行性能计算和状态监视用数字量,如锅炉投油时间,油箱油位及压力接点等。

大多数开关量输入采用周期性检测,有些也只有在主设备运行状况发生变化时才检测。一些对机组运行有重大影响的数字量采用中断方式记录,记录时间分辨率在毫秒级。例如发生"跳闸"时,应采用高速记录方法将"跳闸"的顺序记录下来,以便进行事故分析。

3. 脉冲量输入

脉冲量输入主要是一些采用脉冲计量的特殊参数输入量,如累计电功率量,容积式流量计等。脉冲量一般用计数器累计,每隔一定的周期读取计数器的累计值,并加以工程单位转换及修正。与模拟量不同的是,脉冲量输入不能得到参数的瞬时值而只得到平均值。

工业电视作为辅助检测手段已被广泛地应用于生产过程监视中,用工业电视监视锅炉的汽包水位、炉膛燃烧状况、排烟、给水泵等大型设备的运行情况。

作为自动检测补充的工艺信号(声、光、语音)也是一个重要的方面,这种信号通常分为两类。一类是当生产过程出现异常情况时,用来唤起操作人员的特别注意,例如:汽包水位过高、某关键点温度过高的自动报警信号,主机或辅机发生故障停机时的事故信号等。还有一类是用作遥控操作时的检查信号,如遥控发出的"开机"或"关机"是否已经执行,可用灯光信号表示执行的结果。有些自动化系统还设计语音信号作为报警和提示的方式。

1.2.2 运行档案

计算机监控系统都具有完备的显示功能,使机组值班员能够及时准确地了解机组的运行情况。根据机组的实时运行情况,监控系统可自动弹出相应的需要关注或需要人为干预的 CRT(Crystal Ray Tube)画面,运行人员也可通过操作站键盘或鼠标,选择需要了解或操作的 CRT 画面。CRT 基本画面包括:机组模拟画面或过程流程画面、操作控制画面、参数细则显示画面(趋势、棒图等)、报警画面(报警参数、状态变量表、追忆表等)。实时显示和操作是自动化系统人机界面的基本功能,同时自动化系统还具有完善的运行档案记录和输出打印功能。

1. 运行记录

运行记录包括系统自动记录和请求记录两大类。主要任务是把系统运行、处理和计算的结果作为数据档案记录、保存下来,并根据需要检索、输出打印。运行记录的种类主要包括:

(1) 操作记录　监控系统运行时,自动记录操作人员通过人机接口进行的操作。

(2) 定时记录　根据设计要求定时将机组运行参数(瞬时值、平均值、累计值)、性能计算指标存入运行档案。

(3) 任意请求记录　根据运行人员的请求,将请求时刻的参数、性能计算指标存入运行档案,以备调用。

(4) 越限、报警、事故记录　这是机组运行出现非正常情况的状态记录。根据具体情况记录出现越限、报警参数及与之有关参数的数值。出现事故时应快速记录有关模拟量、变化过程数字量的状态变化及时刻,并存入档案,以备查询、分析事故。

2. 检索和输出

在一定的权限范围内,可以对自动化系统的运行档案进行检索,必要时可以输出到专用记录设备或打印。打印输出的基本功能包括如下几项。

(1) 定时打印　根据设定定时打印主要参数的瞬时值、平均值,打印班报、日报、旬报、月报等。

(2) 请求打印　运行人员为了解和分析机组运转情况可以随时请求系统打印已经存入档案的数据或机组运行的瞬时参数及状态。

(3) 自动打印　当机组运行时,参数出现越限、报警、事故状态或机组运行状况发生大的变化时,及时提供给运行人员的报告。例如,出现"跳闸"事故时,其过程非常快,系统便将捕捉到的"跳闸"顺序记录在案,并自动打印出来,供运行人员及时分析原因并给予处理。

1.2.3　管理数据处理

对于经过预处理所得到的模拟量数据,电厂监控系统可以再行运算、处理以得到对全厂生产进行管理、评价的性能指标。下面几个最基本的管理参数。

（1）机组效率　根据锅炉循环效率和汽轮机循环效率计算,但更常用的是直接从燃烧过程的输入能量和机组电功率来计算。

（2）循环效率　包括锅炉循环效率、汽轮机循环效率以及附属设备的循环效率的计算。

（3）设备性能　包括汽轮机内效率、冷凝器性能、给水加热器性能、空气预热器性能等设备的性能计算。

（4）损失分析　主要包括主蒸汽压力损失、主蒸汽温度损失、排烟损失、冷凝器损失、辅机动力损失等。根据试验求得的最佳工况损失指标与机组实际的运行工况,来求出损失值。

（5）电厂管理计算　主要是前述的各项计算值的统计。例如:负荷率、利用率、厂耗率、发电量累计、最大发电功率、平均发电功率、平均发电量、补水量、燃料消耗量;主蒸汽压力平均值、主蒸汽温度平均值、冷凝器真空度平均值、循环水温度平均值、给水温度平均值、排烟温度平均值、烟气含氧量平均值等等。

1.2.4　模拟量控制

火力发电机组电厂控制主要是涉及生产过程安全性、经济性的连续变化模拟量控制和开关量控制。模拟量控制系统每时每刻都在工作,控制系统的组成、工作原理比较复杂。单元机组的模拟量控制结构如图 1.1 所示,模拟量控制分为两级:协调控制级和基本控制级。

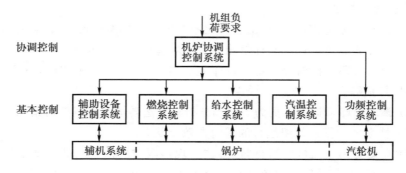

图 1.1　模拟量控制系统结构

从控制系统设计和设备的运行管理划分,分别有涉及机组热工过程模拟量的协调控制系统(Coordination Control System,CCS),与锅炉设备相关的锅炉模拟量控制系统,与汽轮机相关的汽轮机模拟量控制系统以及主要辅机的控制系统。注意,协调控制系统根据控制策略命名,而模拟量控制系统(Modulating Control

System，MCS)按该系统处理的信息类型命名。在有些资料中,把机组的协调控制系统也归并到模拟量控制系统之中。

现代大型火力发电机组都以单元制方式运行,随机组参数的不断提高,机组设备不断完善,控制技术水平不断提高。为使机组能更好地适应负荷变化,除需要系统能更好地协调锅炉和汽轮发电机组工作外,锅炉给水控制系统、燃烧控制系统、过热汽温控制系统、再热汽温控制系统、主要辅机控制系统也必须协调动作。

电站锅炉的模拟量控制主要有:锅炉给水控制、锅炉燃烧过程控制(包括燃料量控制、送风量控制、引风量控制、制粉系统控制等)、过热汽温控制、再热汽温控制,以及根据机组运行的状况,确定机组的运行方式并实现全程控制和滑参数运行控制。

对于汽轮机,最基本且最主要的是保证机组功率和频率的汽轮机功(率)频(率)控制系统;背压式汽轮机还有背压控制系统;大型汽轮机还有汽封汽压、旁路系统、凝汽器水位等自动控制系统。有些机组还配置有热应力控制系统。

要使发电机组经济、安全运行,必须对主要的辅助设备进行控制。如除氧器压力控制,除氧器水位控制,凝汽器水位控制,加热器水位控制,等等。

在正常运行和连续生产的条件下,模拟量控制发挥着最基本的自动化职能,它对电力生产的经济性和安全性有极大的影响,掌握和分析控制过程的特点十分重要。

1.2.5　顺序控制

顺序控制也叫自动操作。顺序控制的原理是按照预先设计的顺序,有步骤地对生产设备和过程进行一系列操作。火力发电机组的热工顺序控制主要是锅炉、汽轮机、发电机在正常运行、启停过程、事故过程中涉及的大量阀门、挡板、辅机等控制机构的开、关、启、停及切换操作的自动操作。每个操作步骤之间的转换自动执行,无需人为干预。实现顺序控制的装置必须具备必要的逻辑判断能力和联锁保护功能。在每一步操作后,必须判明这一步是否已经实现,是否为下步操作创造好条件。如果条件具备则继续执行下一步操作,否则等候人工处理或自动处理,甚至中断程序。计算机控制系统使这一复杂的操作过程变得十分容易。

机组启停过程的控制项目一般包括:锅炉升温升压控制;启动过程主蒸汽温度控制;燃烧器点火控制;炉膛清扫控制;汽轮机暖机、升速、并网、带初负荷、阀门切换控制;汽轮机热应力控制;汽轮机真空度控制;复位控制等。

锅炉的顺序控制主要有:锅炉点火启动;锅炉吹灰,送、引风机的启停;水处理设备的运行;制粉系统的启停等。

汽轮机的顺序控制主要指汽轮机的自动启动和停机。汽轮机的自动启停分为两种:一种是模仿人操作的启动过程,按照事先规定好的步骤和时间进行各项操作;另一种是考虑热应力控制的自动启停过程。考虑热应力控制的自动启停过程不仅可以保证机组的热应力处于安全范围之内,延长机组寿命,而且可以充分发挥机组的热应力潜力,缩短启动时间,节省启动费用,避免误操作,提高机组启动过程的经济性和安全性。

1.2.6　自动保护

自动保护是在发生事故或异常情况下,避免生产设备遭受严重破坏,或把事故区域与其它部分隔离,防止事故进一步扩大所采取的紧急措施,这是保障设备安全的最后一关,一般不宜轻易动作,但在动作时必须快速可靠。自动保护包括以下几种措施。

(1)自动切断能源　中断电、气、汽、燃料的供应。如汽轮机的超速保护,锅炉炉膛灭火保护。

(2)自动减放储存的能量　如锅炉的安全阀、防爆门动作等。

(3)各种控制阀、挡板的限位　各种控制阀、挡板的极限位置(最大开度和最小开度)是根据安全运行的要求规定的,正常工作中不允许越限。如果在自动控制过程中控制阀、挡板达到了极限位置,或者控制系统出现故障而发出了报警信号(过大或过小),或者生产过程中出现异常情况,此时应将自动控制或自动操作系统切除,只保留手操(遥控),以便运行人员根据自己的经验或判断进行操作和处理。

(4)联锁　联锁是在出现异常情况或不正确操作时的一种保护功能。在顺序控制的设计中要特别注意。例如,在某一设备发生故障时,要按预定的顺序使其它有关设备自动解列。如果次序错乱或遗漏某一设备,就可能导致事故的进一步扩大或造成设备的损坏。

1.2.7　管理控制一体化

管理控制一体化即火力发电厂的综合自动化。随着市场经济的发展,高水平自动控制技术的应用,火力发电生产过程的控制目标已从保证生产稳定、减少事故转变为适应市场经济要求,提高供电质量、降低成本、节约能源、减少污染,以高效益为目标重组整个生产过程,这就要求集生产过程控制、生产调度、企业管理、经营决策于一体。数字化、智能化、网络化为管理控制一体化的实现提供了基础,也给电力生产带来了巨大的经济效益。

1.3　火电机组自动控制系统

现代火力发电机组都采用分布式计算机控制系统（DCS）。电厂 DCS 是电厂生产的指挥和监视中心，DCS 系统与其它辅助控制系统一起，全面实现从过程数据输入输出到数据处理、自动控制、性能计算、记录、机组启停、保护的全过程自动化。按照完成功能的不同，可划分成如下几个子系统。

① 协调控制系统（CCS）。第 3 章介绍 CCS 的原理和系统组成。

② 模拟量控制系统（MCS）。第 4 章介绍电站锅炉包括给水、汽温、燃烧等主要过程的模拟量控制原理和系统组成。

③ 汽轮机数字电液控制系统（Digital Electric Hydraulic System，DEH）。第 5 章介绍汽轮机的转速、功率和功频控制系统的基本原理和组成。

④ 给水泵汽轮机电液控制系统（Micro-Electro-Hydraulic Control System，MEH）第 5 章的第 4 节介绍 MEH 原理和组成。

⑤ 旁路控制系统（Bypath Control System，BPS）。第 5 章的第 5 节介绍旁路控制系统原理和组成。

⑥ 顺序控制系统（Sequence Control System，SCS）。第 6 章介绍火力发电机组典型的自启停、功能组级和设备组、输煤、吹灰、除灰除渣和水处理等顺序控制系统。

⑦ 燃烧器管理系统（Burner Management System，BMS）或炉膛安全监控系统（Furnace Safeguard Supervisory System，FSSS）。第 7 章介绍 BMS 的原理、组成和功能。

⑧ 汽轮机监控仪表（Turbine Supervisory Instrument，TSI）和汽轮机紧急跳闸系统（Emergency Tripping System，ETS）；第 7 章第 7.6 节介绍 TSI 的原理、工作过程。

第2章　火电厂自动化系统

2.1　过程自动化技术的发展

　　自动化技术的起源可以追溯到古代时候,如我国的指南车以及漏壶(自动计时装置)的出现。而与工业革命同时开始的瓦特蒸汽轮机调速器,则是工业自动化的萌芽。此后,自动化技术随着工业技术、电子技术和计算机技术的不断进步而快速发展。

　　自动化技术在当今火电生产过程中具有非常重要的地位,特别是大容量高参数机组,没有高水平的自动化设备和自动化系统,是无法保证其安全、经济运行的。因而电力工业发展也促使了自动化装置和系统的日趋完善。

　　电子技术的发展极大地促进了自动化仪表的更新,从而为过程自动化提供了越来越完备的检测和控制装备。从 20 世纪 60 年代开始,我国已先后设计制造了DDZ—Ⅰ型、Ⅱ型、Ⅲ型电动单元组合仪表等系列化的自动化设备。70 年代,出现了微处理器和以微处理器为核心构成的计算机控制系统。70 年代中期,出现了分布式控制系统或集散控制系统(DCS),使得控制系统具有更可靠的控制性能。80年代以来,我国引进和生产了具有世界先进水平的智能化仪表。90 年代后期出现的现场总线控制系统(Fieldbus Control System,FCS),使过程控制技术水平产生了新的飞跃。

　　计算机技术的快速发展,不仅使自动化设备工作的可靠性逐渐提高,而且新型自动化设备的功能愈来愈完善,为各种控制理论在生产过程自动化中的应用奠定了基础。在电力生产过程中,使用计算机不仅能够实现对发电机组的最佳综合控制,而且还能对整个电力系统的生产过程从生产管理、负荷调度到运行操作实现全盘自动化管理和指挥。

2.1.1　基地式仪表控制系统

　　早期的自动控制系统由基地式仪表和控制对象构成。基地式仪表是指仪表与被控对象在机械结构上是一体的,而且仪表各个部分,包括检测、计算及执行等制造成一个整体,就地安装在被控对象之上。基地式仪表一般只具有单一的控制目标和控制功能,只能构成简单的单回路控制系统。瓦特的离心调速器虽然不具备仪表的形态,但就其作用和结构看,仍属于基地式仪表控制系统的范畴。

如果需要控制的是单一运行参数,控制目的也只是为了保证被控对象的正常运行,那么基地式仪表就完全能够满足要求,同时由于基地式仪表简单实用,直接与被控对象相互作用,因此在一些简单生产设备中得到了广泛的应用。如瓦特调速器只控制发动机的转速,保证发动机运转在额定转速范围内即可。

基地式仪表虽然简单实用,但其控制功能有限,难以实现较复杂的控制算法,像火电厂这样复杂的控制对象,采用基地式仪表很难达到要求。严格讲,基地式仪表还不能算做控制系统,因为这些仪表所控制的只是分散的、单一的参数,各个控制点间也没有任何联系和相互作用,因此只可称之为控制装置。

2.1.2　单元组合仪表控制系统

单元式组合仪表出现在 20 世纪 60 年代中期,这类仪表将测量、控制计算、执行及显示、设定、记录等功能分别由不同的单元来实现,各单元间采用标准信号实现连接,可根据控制功能的需求进行灵活组合。单元组合仪表的功能较强,能适应不同的应用需求,其功能的实现不再受安装位置的限制。可以把检测单元和执行单元安装在现场,而将控制、显示及记录设定等单元集中安装在中央控制室内。这样,操作人员在控制室就可以掌握整个生产过程的运行状态,并根据生产计划或现场出现的实际情况采取调整措施,如改变设定值和现场阀门的开度等,从而实现对现场设备的操作和控制。

根据所用能源的种类,单元式组合仪表可以分为两类:气动单元组合仪表和电动单元组合仪表。

1. 气动单元组合仪表

气动单元组合仪表采用经过干燥净化的压缩空气作为动力,并以气压形式来传递现场信号,信号规范为 20~100 kPa。我国的气动单元组合仪表为 QDZ 系列,一般由以下单元组成:变送单元、调节单元、显示单元、计算单元、给定单元、操作单元和转换单元。这些单元经过适当的连接及组合,就可以实现大规模复杂的控制功能。气动单元组合仪表具有本质性的安全防爆性能,可以用于易燃易爆等场合,而且由压缩气体提供的动力可以直接驱动气动阀门等现场设备,非常方便可靠,并具有很强的抗干扰性能。

由于气动单元仪表需要洁净干燥的气源,气体的传输路径要敷设气路管道,为了防腐蚀和防泄漏,需要采用高成本的铜制管线或不锈钢管线,而且需要加工精度极高的连接件。因此,气动单元仪表控制系统的建设成本和运行维护成本相对较高。

2. 电动单元组合仪表

电动单元组合仪表由直流电源提供运行动力，并以直流电信号（电流或电压）的形式来传递现场信号。我国的电动单元组合仪表，有两种信号规范：直流 $0\sim10$ mA 和直流 $4\sim20$ mA，其中 DDZ—Ⅰ 和 DDZ—Ⅱ 系列仪表采用直流 $0\sim10$ mA 作为标准信号，而 DDZ—Ⅲ 系列仪表采用直流 $4\sim20$ mA 作为标准信号。

在结构形式上，电动单元组合仪表主要由以下单元组成：变送单元、调节单元、显示单元、计算单元、给定单元、操作单元、转换单元和执行单元，以及为保证安全防爆所需要的安全单元等。电动单元组合仪表比气动单元组合仪表灵活，功能更加齐全，因此一经推出就迅速得到了广泛的应用。电动单元组合仪表的控制执行机构为电磁阀和各种控制电机等伺服装置。

基地式仪表只能实现分立的、单个回路的控制，各种控制回路之间无任何联系。单元组合仪表可以通过不同单元的组合，不仅能完成单个回路的控制，还能够实现串级控制、比值控制等复杂的控制功能，而且单元式组合仪表能将显示、操作、记录及设定等单元集中安装在控制室内，使操作员可以随时掌握生产过程的全貌并据此实施操作控制，从而构成真正意义上的控制系统。

从基地式仪表发展到单元式组合仪表，从控制装置发展到控制系统，使过程控制发生了根本性变化。产生这一根本性变化的直接原因是信号远距离传输技术的出现。正是由于信号传输有着如此重要的作用，因此其信号标准的发展和演变就成为仪表控制系统的划时代标志。近年来受到控制工程界广泛关注的现场总线标准，则是控制系统由模拟技术到数字技术的变革，使信号传输完全数字化。

不论是气动单元组合仪表还是电动单元组合仪表，其输入输出、计算单元都采用模拟原理实现。以电动单元组合仪表为例，其控制算法，如比例、积分、微分等控制规律，均利用电阻、电感、电容等元件的电气规律实现；而气动单元组合仪表则利用射流原理实现各种控制规律。由此可见这些方法均有较大的局限性，计算精度不高，精度受元器件精度的影响较大，而且随着时间的推移、环境的变化和零部件的磨损，各种参数会发生变化，造成控制精度的进一步下降。另一方面，单元式组合仪表的控制算法只有 PID。

模拟控制方式存在的这些问题，促使人们寻求更好的控制器或调节器。随着微处理器的出现和数字技术的发展，以数字技术为基础的数字化控制逐步占据了控制系统的主导地位。

2.1.3　数字式单回路调节器

20 世纪 80 年代，随着大规模集成电路和微处理器的发展，仪表控制系统中出现了以数字技术为主的单回路调节器（Single Loop Controller，SLC）。SLC 以微处理器为核心完成控制计算功能，代替单元式组合仪表的计算、显示及给定值等单元，而检测、执行等功能仍然由常规的单元完成，以这种方式组成的系统是一种模拟和数字混合形式的系统。由于微处理器采用数字方式进行控制计算，因此计算能力大大加强，可以实现更加复杂或难度较大的控制计算。

SLC 弥补了单元式组合仪表计算能力较弱的缺点，相对于模拟式仪表来说，具有数字化处理和数字通信等优势，因此可以方便地用来实现复杂的控制功能。在相当长的一段时间内，SLC 发展很快，后来又在单回路调节器的基础上发展了多回路调节器。尽管 SLC 在内部采用了数字技术，以微处理器为核心构成系统，但在形式上还是沿用了单元式组合仪表的构造，仍然是以一个单元的方式安装在仪表盘上，所不同的是 SLC 的显示多采用数字方式，即用数码管直接显示测量值或控制值、设定值等。也有些 SLC 为了与原有单元式组合仪表在外观和使用习惯上保持一致，采用了模拟单元式组合仪表的显示和操作方式，如指针显示等。

要实现较复杂的复合控制，模拟组合单元仪表采用硬接线将所需信号引到仪表的计算单元，参与控制计算。而 SLC 既可以通过硬接线引入所需信号，又可以通过微处理器之间的通信获取所需信号，便于构成大规模复杂控制系统。

2.1.4　计算机控制系统

电子数字计算机诞生于 20 世纪 40 年代，1958 年进入控制领域。1958 年 9 月在美国路易斯安娜州的江边火电站内安装了第一台用于现场状态监视的计算机，这个系统并不能称为控制系统，因为它只对现场检测仪表数据进行采集，显示在计算机显示屏上，以供操作人员在中央控制室内观察发电厂的运行参数，因此这样的系统被称为监视系统（MS）。很明显，该计算机系统只是实现了多台检测仪表的集中监视功能。到 1959 年 3 月，在美国得克萨斯州的一个炼油厂投运的计算机系统，不仅可以显示现场仪表的检测数据，而且可以灵活地设定或改变现场控制仪表的给定值，然而控制算法仍然由控制仪表完成。可以说这套系统是世界上最早的设定值控制（Set Point Control，SPC）系统，或称为监督控制系统。1960 年 4 月在肯塔基州的一个化工厂投运的另一套计算机系统，除了完成现场检测数据的监视和设定值的功能外，还可以实时完成控制计算并输出控制量，这就是第一个直接数字控制（Direct Digital Control，DDC）系统。

在控制功能的实现方面，DDC 与单元式组合仪表所构成的控制系统截然不同。仪表系统的每个控制回路均有自己的一套设备，包括测量、控制计算及控制量的输出等，每个控制回路完全是分立的。DDC 与仪表系统最大的不同之处在于：DDC 利用计算机强大的计算处理能力，将所有回路的控制计算工作集中完成，相应的过程量输入/输出也都集中连接到计算机上。

DDC 将所有控制回路的计算处理集中在一起,比较有利于复杂控制功能的实现,如复合控制及多个回路的协调控制等,但也同时带来了安全性和计算能力的问题。由于所有回路都集中在计算机中进行处理,因此计算机成为整个系统可靠性的"瓶颈",一旦计算机出现故障,所有的控制回路都会受到影响,整个系统将失控,这是非常危险的。此外,受到计算机处理能力的限制,在控制回路较多或要求控制实时性较高的场合,系统不一定能满足要求。

1971 年,第一台微型计算机的问世,使计算机在生产过程中的应用以空前的速度向前发展。微型计算机以其具有的高可靠性、低价格、使用方便灵活等特点促进其迅猛发展。大规模的集成电路技术使微型计算机的体积大大减小,造价大幅度降低,可靠性和运算处理能力大幅提高。这为新型监控系统的研制和实用化打下了坚实的基础。同时 CRT 显示技术和数据通信技术的发展,也为分布式计算机监控系统创造了良好的条件。

2.1.5 分布式控制系统

通过一台计算机来集中协调、管理检测和控制系统,并把相应的任务分配给多台承担具体控制职能和检测职能的微型计算机,分散完成控制和检测任务。这种系统称为分布式控制系统(DCS)。它具有积木式的开放结构,可以根据具体的应用过程对系统进行扩充或裁减。自从美国 Honeywell 公司于 1975 年推出世界上第一套 DCS 系统 TDC2000(Total Distributed Control,TDC)以来,经过三十多年的更新换代,目前 DCS 的系统功能越来越完善。

分布式控制系统是对生产过程进行监视、控制、管理的一种新型控制系统,它是计算机技术、信息处理技术、测量控制技术、网络技术有机结合的产物。分布式控制系统既具有监视功能,又具有控制功能,各功能之间通过网络进行数据通信,实现信息共享。其监视、管理功能集中实现,即信息集中,便于运行人员及时准确掌握全局和局部情况,进行综合监督、管理和调度。也可减少大量的控制室仪表,这种集中管理和调度的功能通过带有键盘和 CRT 显示器的通用操作站进行。DCS 的控制功能又是分散的,每个基础控制单元只控制若干个回路,以避免局部的故障影响其它部分,即实现了危险分散,提高了过程控制的可靠性。

分布式控制系统与常规仪表控制系统相比,有许多十分显著的优点:

(1) 控制功能增强,易于实现先进的控制算法;

(2) 生产信息齐全,可实现监控管理一体化;

(3) 局部故障不会影响整个系统,安全性好;

(4) 包括服务器、控制器、输入/输出接口等硬件都可以冗余配置,系统可靠性高;

　　(5)有自诊断能力、容错、自恢复功能;

　　(6)系统易于扩展,配置灵活;

　　(7)自动化水平提高,减轻了操作者的劳动强度。

　　由于分布式控制系统具有的显著优点,因而在石油、化工、电力、冶金、轻工等工业领域中得到了广泛的应用。我国自 1986 年以来,一批大型火电机组陆续采用了分布式控制系统,为大型机组的安全、经济运行提供了有力的保障。

2.1.6　控制理论的应用

　　从 20 世纪 50 年代开始,随着大工业的发展,控制需求的提高,除了简单控制系统以外,各种复杂的控制系统也相继发展起来,并且取得了显著的功效。60 年代,以状态空间方法为基础的现代控制理论迅猛发展,极小值原理、动态规划、线性二次型系统(Linear Quadratic Gaussian System,LQG)等方法,逐渐进入控制领域。计算机技术的发展为这些理论的应用奠定了基础。目前,过程控制中应用的主要控制理论如下。

　　(1)预测控制　从工程应用的角度出发,结合工程需要,在最优控制中引入滚动优化的思想,提出了预测控制理论,并在过程控制领域中取得了成功的应用。

　　(2)自适应控制和鲁棒控制　现代控制理论应用于过程控制的最大困难是过程数学模型的不确定性。控制理论研究人员从两个方面对此进行了改进:一是将控制与辨识结合起来,依据辨识结果调整控制规律,使系统能适应环境的变化,即自适应控制;二是寻求在过程不确定情况下仍然能很好工作的控制规律,增强系统的鲁棒性,即鲁棒控制。

　　(3)非线性控制　控制系统大多具有非线性因素,常规处理方法是在系统的工作点附近进行线性化,然后采用线性系统理论进行处理。近几年,非线性系统的绝对线性化理论取得突破性的进展,正交函数逼近方法在理论上也有重大进步。

　　(4)智能控制　将人工智能的概念引入到自动控制系统中,产生了智能控制思想,它是基于知识的控制方式。模糊控制、专家系统、人工神经网络、遗传算法、模式识别等智能控制方法,是传统控制理论的补充和发展,在许多过程控制场合发挥了卓越的作用。

　　(5)生产优化　生产优化一直是工程界追求的目标。除设计优化外,运行中的优化同样能带来显著的经济效益,运行中的优化包括动态过程的优化和操作设定点的优化等。现在,最优化已成为一门分支学科,出现了各式各样的优化算法。

　　(6)故障检测和诊断　生产的可靠性和安全性是优质生产的前提,在生产中及时预测和发现故障,把事故消灭在萌芽状态,无疑是保证可靠性和安全性的重要一环。70 年代以来,故障检测和诊断技术得到了很大的发展。

(7)生产计划和调度 它们属于生产管理范畴,也有自动化和优化的需求。把整个生产过程作为一个递阶系统来看待,计划和调度处于该系统的上层。良好的生产计划和调度方法,不但可以提高企业的产品质量和产量,还能提升企业的综合自动化和管理水平。

2.2 分布式控制系统

2.2.1 DCS 的体系结构

自从 Honeywell 公司推出世界上第一套分布式控制系统以来,经过三十多年的发展,分布式控制系统无论是在可靠性、开放性、操作维护性能等方面,还是在系统的体系结构方面,都有了很大程度的改进和完善。一个典型的分布式控制系统,一般由现场控制层、过程监控层和管理决策层三层组成,其体系结构如图 2.1 所示。分布式控制系统的体系结构充分体现了其控制功能分散、管理信息集中的优点。

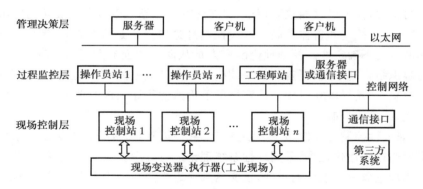

图 2.1 DCS 的体系结构图

(1)现场控制层 该层处于整个 DCS 系统的最底层,对现场工艺过程进行具体的操作控制,检测过程参数并与过程监控层进行信息交换。现场控制层主要由现场控制站、输入/输出接口等设备组成。现场控制站负责进行各种控制功能的实现,输入/输出接口主要用来连接各种现场设备,如传感器、执行器、变频和驱动装置等。在该层面上,可靠性、实时性和数据交换的准确性是对现场的工艺过程进行有效控制的基本要求。

(2)过程监控层 又称车间监控层或单元层,介于现场控制层和管理决策层之间。过程监控层一般由服务器、工程师站、操作员站和各种通信接口组成,用来实现对现场控制层的各种信息进行处理和显示,对整个控制系统的控制算法和监控界面进行组态,并负责和生产线上的第三方设备进行数据通信,从而实现车间级设备的监控。此外,过程监控层还接收来自于管理决策层的指令,对过程进行优化控制。从通信需求来看,该层的通信网络要能够高速传输大量信息数据和少量控制数据,因此也具有较强的实时性要求。

(3)管理决策层　　用于企业的上层管理,为企业提供生产、经营和管理等各种数据,通过信息化的方式优化企业资源,提高企业的管理水平。从通信需求来看,该层网络要能够传输大数据量的信息,但对实时性要求较低。该层涉及全厂生产过程各个方面的调度和管理,如全厂人事档案管理、原材料消耗管理、订单管理、销售管理等等。

近年来,随着现场总线技术的成熟和成功应用,现场总线网络逐渐进入分布式控制系统,实现了现场 I/O 和现场总线仪表与现场控制站的连接,导致 DCS 的体系结构发生很大变化。现场总线的引入,使得常规 1∶1 的模拟信号连接方式改变为 1∶n 的数字网络连接;同时在控制方式上,可以将一部分控制功能下放到现场的变送器或执行器上,从而实现更加彻底的分散控制。

具有现场总线技术的分布式控制系统,其典型的体系结构如图 2.2 所示。

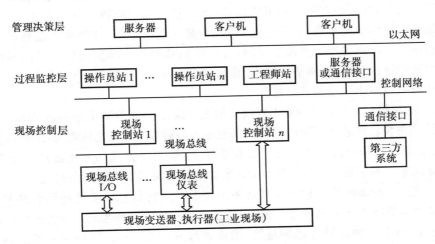

图 2.2　采用现场总线技术的 DCS 系统的体系结构图

2.2.2　DCS 的硬件构成

从 DCS 的体系结构可以看出,DCS 的硬件构成主要包括以下几个部分:现场控制站、工程师站、操作员站和服务器等。

1. 现场控制站

现场控制站处于 DCS 整个系统的最低层,直接与生产过程中的各种传感器、执行器相连,具有过程工艺参数输入、控制、运算、通信和输出等诸多功能。现场控制站接受来自现场的各种信号,对信号进行滤波、补偿、非线性校正等处理,并将报警值、测量值等各种信息通过网络传送给工程师站、操作员站和服务器等设备;同时,接受来自于操作员站等设备的控制指令,通过运算将最终的控制结果发送到现场执行机构。

不同厂家的 DCS,其现场控制站的结构也有所不同,但大多数 DCS 的现场控制站主要由以下几部分组成:控制器、电源模块、输入/输出模块、网络接口模块,以及用于安装各模块的机架和机柜等。如果采用冗余控制器,还有用于控制器冗余的同步模块。

(1)控制器　又称为过程控制单元,是控制站的核心设备,是 DCS 控制策略执行的硬件环境。在控制器上,一般具有 CPU、存储器、网络接口等。控制器的 CPU 一般采用高性能的微处理器,运算速度快,除基本的逻辑控制和闭环控制功能外,还能够执行复杂的控制算法,如自适应控制、模糊控制和预测控制等。为了达到分散控制的目的,根据被控对象的工艺流程,不同工艺段采用不同的控制器进行控制。此外,为了提高系统的可靠性,DCS 的控制器可以进行冗余配置,即在一个控制站中有两套控制器,一套主控制器,一套冗余控制器,这两套控制器间互为冗余热备用。一旦主控制器出现故障,冗余控制器可以在非常短的时间间隔内接替主控制器进行工作,对系统的输入、输出和控制策略的执行没有任何影响,从而保证过程控制的连续性和安全性。

(2)电源模块　它是控制站不可缺少的主要设备,用来为整个控制站供电。一般情况下,电源模块将来自于市电或 UPS 的供电电源转换为直流稳压电源,用来给控制器、输入/输出模块以及机架供电。有些情况下,也可以为现场变送器或执行机构等设备供电。为了提高系统可靠性,DCS 的电源模块可以进行冗余配置。

(3)输入/输出模块　它是控制站和现场设备进行信息交换的桥梁和纽带,直接连接现场的输入和输出信号。输入/输出模块一般有两种形式:一种是集中安装在机架上,还有一种是通过现场总线,组成远程分布式 I/O。现场控制站的输入/输出模块主要包括以下几种:模拟量输入模块(AI)、模拟量输出模块(AO)、数字量输入模块(DI)和数字量输出模块(DO)。模拟量输入模块用于采集现场变送器的各种输入信号,如直流 4~20 mA 和 1~5 V 等电流和电压信号,热电阻信号,热电偶信号等。模拟量输出模块连接现场执行机构,并将控制运算的最终结果作用到现场。数字量输入模块连接现场限位开关、继电器等设备,将设备的开、关等状态信息送入控制站。数字量输出模块连接现场指示灯、继电器和声光报警等设备,控制这些设备的开启和关闭等。

(4)网络接口模块　它主要为工程师站、操作员站和服务器等外部设备提供网络通信接口,实现这些外部设备和控制站的数据交换。早期的 DCS,网络通信接口比较单一,多为特定的控制网络,各厂家 DCS 之间不能实现互相通信。随着通信技术的发展,目前 DCS 可以提供的网络通信接口非常开放,如工业以太网和现场总线(如 Profibus、FF、ControlNet)等,使得 DCS 很容易与第三方系统通信。为了提高通信的可靠性,DCS 的网络接口模块也可以进行冗余配置。

(5)机架　用来安装控制器、电源模块、输入/输出模块、网络接口模块等部件,在机架内部具有通信总线,可以实现机架上各部件的数据交换。此外,机架还可以提供备板总线,为各部件提供 1~5 V 的工作电源。

(6)机柜　它是容纳整个控制站所有部件的设备,一般将机柜分为控制柜和接线端子柜两部分。控制器所在的机柜称为控制柜,接线端子板所在的机柜称为接线端子柜。机柜之间通过接线电缆连接。现场所有传感器和执行器的信号先进入接线端子柜,通过信号调理后,再进入控制柜。

2. 工程师站

工程师站(Engineer Station,ES)是对整个 DCS 进行组态的设备,用来设计控制算法和开发人机监控界面。在工程师站上,可以对控制系统进行离线配置和组态,对分布式控制系统本身的运行状态进行监视和维护,对控制系统各参数进行在线设定和修改。在硬件上,工程师站一般采用商用计算机或工控机,也有的 DCS,使用服务器充当工程师站的功能,如 Honeywell 公司的 Experion PKS(Process Knowledge System,PKS)过程知识系统。一旦整个系统组态完毕,就不需要在工程师站进行任何操作,除非工艺发生变化后需要重新组态,或对控制程序进行在线修改。

3. 操作员站

操作员站(Operator Station,OS)是值班人员的中心操作台,功能类似于一台常用的微机。它能把分散的回路信息和有关生产过程的参数通过数据通道集中处理后,用一定的方式(图、表、曲线)在屏幕上显示出来,实现对生产过程的集中监视和控制。通过键盘和鼠标可以选择所希望了解的参数、图表等。操作人员也可直接对控制回路的工作状态进行切换,如进行手动和自动切换。操作员站可以单独使用,也可以多台组合起来形成一个操作中心,每台操作员站完成不同的任务。

操作员站是一个综合性的过程控制及信息管理计算机系统,由于需要长期连续工作,其可靠性的要求很高,通过总线或网络将各现场控制站送来的信息在屏幕上显示出来。操作人员通过操作站来监视生产过程的重要工艺参数,并对相关设备进行控制,对主要工艺参数进行修改等。操作员站的主要功能有:采集过程控制信息,建立数据库;对生产过程进行各种显示,如总貌、分系统、趋势、系统状态、模拟流程、历史数据、报警等;对各种信息制表或曲线打印及屏幕拷贝;控制方式切换;在线变量计算以及指导操作;进行能耗、成本核算、设备寿命等综合计算等。

4. 服务器

服务器是 DCS 的关键设备。通常情况下,DCS 的数据库安装在服务器上,各操作员站通过服务器获得现场工艺数据,同时来自于操作员和工程师的控制指令,也通过服务器发送到现场。为提高 DCS 的可靠性,服务器一般采用冗余配置,即配置两台服务器,一台作为主服务器,另一台为备用服务器,两台服务器间始终处于信息同步状态。主服务器出现故障后,备用服务器在瞬间接替主服务器工作。

一般情况下,服务器也常作为工程师站来使用,进行控制策略的组态和监控画面的开发等。

2.2.3　DCS 的软件构成

DCS 的控制功能是在硬件基础上由软件来实现的。DCS 的软件由现场控制站软件、工程师站软件、操作员站软件和通信管理软件等部分组成,连同硬件一起,共同构成一个功能强大的控制系统。

1. 现场控制站软件

现场控制站软件固化在现场控制器中,完成对现场的直接控制,能够实现逻辑控制、顺序控制、回路控制和混合控制等多种类型的控制功能,此外,还可以实现控制器冗余、I/O 模块冗余、通信模块冗余等功能。现场控制站软件主要包括数据采集和输出模块、控制和运算功能模块等。

数据采集和输出模块对来自于现场传感器和变送器的信号进行处理,并将控制运算的结果输出到现场执行机构。数据采集和输出模块,可以对现场数据进行数字滤波处理,从而去除现场的各种干扰信号,得到较为真实的被测工艺参数值;还可以对这些参数值进行诸如线性变换、热电偶插值运算和量程变换等,从而为控制和运算功能模块提供所需的数据。

控制和运算功能模块是现场控制站软件的重要组成部分,在控制功能上支持连续控制、逻辑控制和顺序控制等。在连续控制功能方面,可以实现简单的 PID 控制和各种变形 PID 控制,大多数 DCS 还提供自适应控制、模糊控制等智能控制方式。在逻辑控制方面,不但可以实现与、或、非、异或等简单的逻辑功能,还可以实现定时器、计数器和移位操作等功能。在顺序控制方面,不同厂家的 DCS 使用不同的编程语言来实现复杂的顺序功能,如实现电动机等设备的顺序启停,实现批量控制、紧急停车和安全联锁保护等功能。

2. 工程师站软件

DCS 的工程师站软件用来对系统进行组态、维护和程序在线修改,完成控制功能和监控画面的组态和设计。通过工程师站软件,工程师可以对整个控制系统的硬件和软件进行设计,并将设计好的控制策略和操作画面下装到现场控制器和操作员站中。一般情况下,一旦组态和下装完毕,工程师站软件就可以关闭,此时工程师站更多的是承担操作员站的功能。

DCS 的控制功能组态包括:控制系统硬件组态,控制系统网络设计和参数设置,顺序控制、逻辑控制和回路控制等控制程序的设计和开发,先进控制和优化控制策略的实现等。操作画面的设计包括:各种监控画面的绘制,过程数据的历史归档,实时和历史数据的趋势曲线绘制,报警系统设置和报表系统的开发等等。

各 DCS 厂商提供了不同的工程师站软件来完成系统的组态过程。Honeywell 公司的 Experion PKS 系统采用 Control Builder 软件实现控制策略的组态,同时采用 Display Builder 或 HMI Web 来实现操作画面的设计和开发;ABB 公司的 Freelance 800F 系统,则采用统一的 Control Builder F 软件,来实现控制策略的组态和监控界面的设计等。

3. 操作员站软件

DCS 的操作员站软件运行在操作员站上,是操作和工艺人员了解现场工艺过程和设备状况的窗口,也是对工艺过程进行干预的主要途径。

操作员站软件一般提供以下功能:各种监控画面的显示功能,如系统的总貌画面、工艺流程画面、控制画面和参数设置画面等;系统主要工艺参数的修改功能,操作和工艺人员可以根据现场状况,根据权限修改某些工艺参数的值,并可对控制回路的控制模式进行切换,如手动、自动和软手动切换等;系统报警的显示功能,并能够通过操作员站软件实现报警的确认;趋势显示和数据查询功能,可以根据工艺要求实现控制参数的实时曲线显示,也可以按照时间要求进行历史数据的查询和曲线显示等;报表查询功能,可根据要求进行班报、日报、月报和年报的查询和显示,输出打印;可对系统的报警记录、报表和趋势曲线进行打印输出。

4. 其它功能软件

除了现场控制站软件、工程师站软件和操作员站软件以外,大多数 DCS 系统还提供了很多可选软件,用户可以根据需要选用。这些可选软件一般包括:先进控制软件包,如模型预测控制;远程控制节点软件,可以实现基于 Web 的数据监控;通信用驱动程序软件,实现和第三方设备的数据通信;用于厂级信息管理的 E-Server 软件等。这些软件从某种意义上来说,大大地扩展了 DCS 的基本控制功能。

2.2.4　DCS的通信网络

在分布式控制系统中,现场控制站、工程师站、操作员站和服务器等设备通过通信网络实现数据交换,通信网络是分布式控制系统的中枢神经。借助通信网络把组态数据、控制信息等传输到不同的控制单元或监控设备,达到整个系统的数据共享,从而实现系统分散控制的目的。为了提高数据通信的可靠性,可以对系统的通信网络进行冗余配置,如两根同轴电缆(或光缆),形成双重化的网络结构,任何一条通信网络出现故障,另一条备用网络都可以在瞬间投入使用,从而保证整个系统内数据的可靠通信。

由于通信技术和市场竞争的原因,早期的DCS使用专用私有通信网络,如ABB的AF100控制网络,横河公司的V-net控制网络等,从而导致不同厂家的DCS之间很难实现数据通信。当工厂的DCS类型较多时,每种类型的DCS都是一个孤立的系统,从而形成所谓的"自动化信息孤岛"现象。随着工业以太网和现场总线技术的成熟和发展,当今DCS的通信网络开放性都非常好,只要是符合某种总线标准的设备或系统,都可以连接到一起而形成综合自动化系统。

1. DCS的通信网络层次结构

典型的DCS通信网络主要由三层构成,由底向上依次是:现场设备层通信网络,车间监控层通信网络和企业管理层通信网络。各层的通信特点和功能如下。

(1)现场设备层通信网络　该层处于工厂自动化网络的最底层,主要功能是连接各种现场设备,如I/O设备、传感器、执行器、变频和驱动装置等。在该层网络上,传输的信息主要是现场级控制信号,因此对网络通信的实时性和正确性要求很高。由于连接的现场设备千差万别,所以在这个层面上,通信协议也比较复杂。目前的DCS系统在该层面上提供的通信网络主要是现场总线,如Profibus、FF H1、HART(Highway Addressable Remote Transducer)、ControlNet和DeviceNet等。

(2)车间监控层通信网络　该层网络主要完成操作员站、工程师站、服务器和现场控制站等设备间的数据通信,从而实现对车间级设备的监控。从通信需求来看,该层网络要能够高速传输大量信息数据和少量控制数据,也应具有较强的实时性要求。该层的通信网络主要有:工业以太网和各种现场总线等,如Profibus、FF HSE和ControlNet等。

(3)企业管理层通信网络　企业管理层用于企业的上层管理,为企业提供生产、经营和管理等各种数据,通过信息化的方式优化企业资源,提高企业的管理水平。在DCS中,该层网络主要完成服务器和厂级管理信息系统(Management Information System,MIS)之间的信息交换,所使用的通信网络主要是以太网。从通信需求来看,该层网络要能够传输大数据量的信息,但对实时性没有什么要求。

2. 通信网络的主要拓扑结构

在工业应用中，DCS 通信网络的拓扑结构主要有三种方式：总线型、星型和环型，这几种网络拓扑结构如图 2.3 所示。

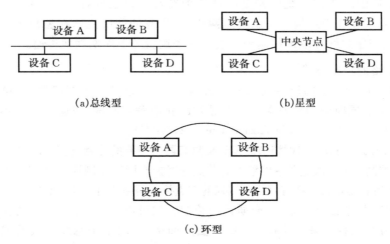

图 2.3　分布式控制系统的网络拓扑结构

（1）总线型拓扑结构　在总线型拓扑结构中，所有通信设备都连接在一条总线上。由于所有总线节点共享一条传输线路，所以同一时刻只有一个节点可以发送数据，而其它所有节点都可以接收该数据。在这种结构中，信息可以一对一发送，也可以广播式发送。接收数据的节点根据总线上传送信息的目的地址来接收符合要求的信息。

总线型网络拓扑结构是工业通信网络中使用最为广泛的网络形式，当今流行的现场总线几乎都采用这种形式的网络结构。总线型网络结构易于安装，维护方便，网络上任何节点故障不会影响到其它节点间的数据通信。但随着传输距离的增加，总线上信号会减弱，从而降低传输质量。所以，这种拓扑结构对总线长度、可连接的设备数等都有一定的限制。

（2）星型拓扑结构　在星型拓扑结构中，每个节点都连接到中央节点，任何两节点之间通信都通过中央节点进行。一个节点要传送数据时，首先向中央节点发出请求，要求与目的站建立连接。连接建立后，该节点才向目的节点发送数据。这种拓扑采用集中式通信控制策略，所有通信均由中央节点控制。在星型拓扑结构中，一个终端节点故障或一条传输链路故障，不会影响到其它节点的通信。

（3）环型拓扑结构　在环型拓扑结构中，所有通信设备在物理连接上形成一个环网。信号在环路上从一个设备到另一个设备单向传输,直到信号传输到目的地为止。在这种网络结构中,任何一个设备故障都会导致整个网络瘫痪,因而在一些重要的工业应用场合,一般采用双环冗余的网络结构,如西门子的控制系统 PCS 7 (Process Control System),其通信网络的工业以太网就使用冗余光纤网络。

实际应用中,控制系统的网络拓扑结构经常是以上各种形式的综合。例如,Profibus 总线在物理结构上是总线型网络,但所有的网络主站在逻辑上形成一个令牌环,而控制总线存取的控制令牌就在这个逻辑环上周期性地传递。

3. 网络的控制方式

DCS 通信网络上的设备共享通信链路,必须通过某种控制机制,来解决同一时间多个节点同时向网络发送信息而导致的介质争用问题,也就是说要约定网络的介质访问控制方法(Media Access Control,MAC)。

介质访问控制方法对网络节点传送信息有两个主要的控制过程:接触仲裁控制和信息传输控制。前者决定共享网络上的节点何时拥有网络控制权,并允许向网络上发送信息;而后者则定义了拥有网络控制权的节点控制网络的时间长短和方式。

对 DCS 的通信网络来说,介质访问控制方法可以分为受控 MAC 方法和非受控 MAC 方法两种。采用受控 MAC 方法的网络,一般采用总线仲裁器或令牌来管理网络节点对网络的控制权限。这类介质访问控制方法,信息的发送具有时间确定性,主要包括集中总线介质访问控制和分布式总线介质访问控制两种方式;采用非受控 MAC 方法的网络,一般没有以上的控制机制,各节点通过自由竞争的方式取得网络控制权,信息的发送是随机的,没有时间确定性。非受控 MAC 方法,多采用改进的具有冲突检测的载波侦听多路存取方式(Carrier Sense Multiple Access with Collision Detection,CSMA/CD)。

(1)集中总线的介质访问控制方法　　这类控制方法通过网络上一个站点来管理整个网络节点,最具代表性的是主/从轮询和集中总线仲裁方法。主/从轮询方法由网络上的主站来控制各节点向网络发送信息,主站在规定的时间内向从站或其它主站请求和发送数据信息。Profibus 总线主站和从站之间采用的是主/从轮询协议。集中总线仲裁方法则通过总线仲裁器来管理各节点对网络的接触控制。总线仲裁器根据预定义的时间,赋予节点对网络的控制权。FF H1 是典型的采用集中总线仲裁 MAC 方法的通信总线。

(2) 分布式总线的介质访问控制方法　　这类控制方法和集中总线介质访问控制方法不同,网络上没有总线仲裁器,而是通过令牌来管理各节点对网络的访问控制。这类介质访问控制方法主要包括令牌传递(Token-Passing)、虚拟令牌传递控制(Virtual Token-Passing)和时分多路存取(Time Division Multiple Access,TDMA)类的介质访问控制方法。

令牌传递适用于环型结构。这种通信方式有一个被称为令牌的信息帧,按某种逻辑排序依次在环型网上传送。令牌有"忙"和"闲"两种状态,只有得到令牌的节点才有权使用网络。该节点若要发送信息,得到"闲"令牌后,首先将令牌置于"忙"状态,并置入发送的信息、源站名、目的站名等。然后将令牌送上网络,依次传送到下一节点,当令牌再次循环到源站点时,信息已被取走,此时再把令牌置为"闲"状态,送上网络,以便其它节点使用。

Profibus 通信总线的主站间采用的是令牌传递方式,各主站按照某种次序形成一个逻辑令牌环,令牌在这个逻辑环上进行传递,得到令牌的网络节点成为令牌持有者,从而拥有网络控制权,可以向网络上发送信息,向网络上的其它主站/从站发送或请求数据。

(3) 自由竞争的介质访问控制方法　　自由竞争方式多用于总线型拓扑结构的通信网络。在这种方式下,各站点在任何时候都可以向外发送信息。两个以上站点同时发送信息时,会产生碰撞。所以,自由方式的通信原则是"先听后发,边听边发,冲突后退,再试重发",普遍采用了 CSMA/CD 技术。该技术允许任一站点随机访问通信线路,各站点在发送开始后,还必须继续监听,把监听的信息与发送信息相比较(边听边发)。若相同,继续发送;若不同,则停止发送,并发出一个冲突标志通知所有站点,使其它网络节点停止发送(冲突后退)。等待一段随机时间后,再开始重新发送(再试重发)。

目前,很多现场总线和工业以太网等工业通信网络,多采用 CSMA/CD 协议的改进版本。应用这类介质访问控制方法的总线,最具代表性的是采用优先级位仲裁方法的 CAN(Controller Area Network)总线,以及采用 CSMA 协议的 LonWorks总线。此外,ProfiNet 和 FF HSE 也采用 CSMA/CD 类型的访问控制协议。

4. 网络传输介质

网络传输介质是指连接网络各站点的通信线路,DCS 通信网络的主要传输介质有双绞线、同轴电缆和光纤。双绞线价格便宜、安装简单,适用于总线型拓扑结构的通信网络,但其传输距离较短,如果要增加传输距离,一般需要增加中继器来放大信号。同轴电缆是较常用的传输介质,屏蔽能力较双绞线高,适用于总线型和环型拓扑结构的通信网络。光纤重量轻,体积小,传输速率可达几百 Mb/s,传输距离较远,但价格相对较高。

在 DCS 通信网络中,工业以太网多采用双绞线介质和光纤,而各种现场总线则采用双绞线和同轴电缆,如 Profibus 采用双绞线介质,而 ControlNet 采用同轴电缆。

2.3　火电厂 DCS 系统

火力发电是 DCS 一个主要的应用领域,已运行的 DCS 系统种类较多,本节主要对 ABB 公司的 Freelance 800F 系统、Honeywell 公司的 Experion PKS 系统和 GE 上海新华的 XDPS–400$^+$ 系统进行介绍。

2.3.1　Freelance 800F 系统

Freelance 800F 是 ABB 公司推出的综合型开放控制系统,该系统融传统的 DCS 和 PLC(Programmable Logic Controller)的优点于一体,并支持多种国际现场总线通信标准。它既具备 DCS 的复杂模拟回路调节能力、友好的人机界面(Human Machine Interface,HMI)以及方便的工程软件,同时又具有与高档 PLC 性能相当的高速逻辑和顺序控制功能。系统既可连接常规 I/O,又支持 Profibus、FF、CAN、Modbus 等开放型通信协议。系统具备高度的灵活性和扩展性,可用于小型生产装置的控制,也能满足跨厂的生产管理控制应用。在冶金、化工、水泥和电力(火电、水电和风电)等诸多工业自动化领域得到了广泛的应用。

1. Freelance 800F 系统的硬件结构

在体系结构上,Freelance 800F 系统分为两级:操作员级和过程控制级。操作员级可以配置一个工程师站和几个操作员站,操作员级 PC 机也可以作为工程师站使用。过程控制级的现场控制器采用可冗余配置的 AC800F 控制器。整个控制系统的体系结构如图 2.4 所示。

操作员级上能实现传统控制系统的监控操作功能,如预定义及自由格式动态画面显示、趋势显示、弹出式报警及操作指导信息、报表打印、硬件诊断等;而且还具有配方管理及数据交换等诸多管理功能。过程控制级可以实现包括复杂控制在内的各种回路调节功能,如 PID、比值、Smith 预估等控制功能,还具有高速逻辑控制、顺序控制以及批量间歇控制功能。操作员级和过程控制级之间通过工业以太网进行数据通信。

过程控制站的控制器与 I/O 等各种智能设备和现场仪表间,采用 Profibus、FF、CAN 和 Modbus 等国际标准现场总线进行通信。现场控制器 AC800F 支持 Profibus 等各种现场总线,可以通过 HART 协议或现场总线(Profibus-PA 和 FF 总线)与智能现场仪表间进行数据通信。

(1) 现场控制站　Freelance 800F 系统的现场控制站采用可冗余配置的 AC800F 作为现场控制器,该控制器是基于开放的国际标准现场总线技术的工业控制器,现场过程仪表可直接或者通过 Profibus I/O 经由现场总线与 AC800F 控制器进行通信。对生产过程的实时控制由 AC800F 控制器完成,程序的执行基于一个面向任务的实时多任务操作系统。

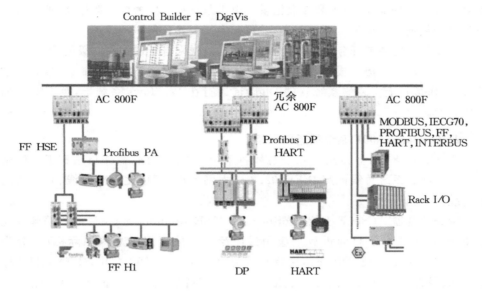

图 2.4　Freelance 800F 系统结构示意图

（2）I/O 模块　Freelance 800F 系统可以连接三种智能型 I/O:Rack 机架式 I/O,S800 I/O,S900 I/O。所有智能 I/O 模块均可带电热插拔并可以预设安全值,当系统出现故障时保持当前状态或到预设安全值,对现场进行保护。

Freelance 800F 系统可以通过 CAN 总线的方式来连接 Rack 机架式 I/O,Rack I/O 的循环扫描时间更快,288 个位信号可以在 2 ms 内进行更新。此外,Rack I/O 还可以实现事件顺序记录（Sequence Of Event,SOE）功能,用以对系统故障进行追忆。

Freelance 800F 系统也可以使用 Profibus 现场总线模块连接远程分布式I/O,即 S800 I/O 和 S900 I/O。S800 I/O 是一个全系列的分布式和模块化的 I/O 系统,通过 Profibus 与 AC800F 控制器进行通信。S900 I/O 是具有本质安全功能的智能分布式 I/O,可以直接安装在危险区域。

（3）工程师站　通过以太网与现场控制站、操作员站及其它设备进行通信,以实现硬件管理、现场控制站编程、现场总线智能仪表组态、操作员站组态一体化编程及调试,并对整个控制系统进行组态和维护,完成操作员站和现场控制站软件的编制。

工程师站上安装的系统软件 Control Builder F 运行在 Windows 操作系统上,通过运行软件的选择,可将工程师站属性转换为操作员站属性,也可同时作为工程师站和操作员站,以便进行在线修改和调试及参数整定。

（4）操作员站　　通过以太网与现场控制站、工程师站及其它设备进行通信,实现对过程装置的操作、监视和参数记录。由于系统数据库为全局数据库,所以操作员站之间数据及画面完全可以共享,并可互为冗余热备份。

操作员站的主要任务是生产监控,即综合监视来自于过程控制级的所有信息,进行显示、报警、趋势生成、记录、打印输出及人工干预操作（发送命令、修改参数等）。操作员站上安装的系统软件 DigiVis 运行在 Windows 系统上,具有很好的人机界面。

2. Freelance 800F 系统的通信网络

Freelance 800F 系统通过系统总线将系统中的过程站、操作员站和工程师站连接在一起。系统总线依照 IEEE802.3 以太网标准,可以使用双绞线、光纤或同轴电缆。

现场控制器 AC800F 支持 Profibus、FF HSE、Modbus 和 CAN 总线等各种现场总线。Profibus 是目前世界上应用最广泛的开放型现场总线国际标准,分为 FMS、DP 及 PA 三级,DP 通信速率可高达 12 Mb/s。CAN（DIN/ISO 11898 标准）总线最大的特点是坚固性和数据安全性。与智能现场仪表间的通信,则通过 HART 协议或现场总线（ Profibus-PA 和 FF 总线）来实现。

此外,Freelance 800F 还提供了一个 OPC 网关服务器,允许 OPC 客户端从 Freelance 控制站中访问数据和报警信息等。Freelance 800F 系统中可以使用几个 OPC 网关,由于 Control Builder F 工程软件支持冗余的 OPC 服务器配置,所以 Freelance 800F 系统也可以实现 OPC 服务器的冗余配置。

3. Freelance 800F 系统的软件

（1）工程师站软件　　其工具软件是 Control Builder F ,简称 CBF。CBF 是集组态（包括硬件配置、控制策略、人机接口等组态）、工程调试和诊断功能为一体的工具软件包,用来完成对现场控制站、操作员站和现场总线设备的组态和管理。

CBF 的编程语言遵守 IEC61131－3 国际标准,并支持该标准中的全部五种编程语言:功能块图 FBD(Function Block Diagram)、梯形图 LD(Ladder Diagram)、顺序功能图 SFC(Sequential Function Chart)、指令表 IL(Instruction List)和结构化文本 ST(Structured Text)。其中,前三种编程语言是图形化编程语言,后两种是文本化编程语言。CBF 还具有高性能的图形编辑功能。

（2）操作员站软件　　采用具有信息集成能力的 DigiVis,DigiVis 的功能包括:图形显示、数据监视、系统状态显示、趋势归档、记录、过程及系统报警、报表、操作指导、下达控制指令、系统诊断等。

2.3.2　Experion PKS 系统

Honeywell 公司 1975 年推出世界上第一套集散控制系统 TDC2000,此后,Honeywell 公司先后推出了 TDC3000、TPS(Total Plant Solution)和 Experion PKS 等分布式控制系统,在火电、水电和风电等电力领域,得到了广泛的应用。

1. Experion PKS 的硬件结构

Experion PKS 采用容错以太网(Fault Tolerant Ethernet,FTE)、ControlNet、Profibus 等多种通信网络技术,现场控制站采用可冗余的 C200 混合控制器和 C300 控制器。可以实现系统电源、控制器、网络接口模块、控制网络、I/O 模块和 DCS 服务器等多级冗余配置,提高了系统的可靠性和可扩展性,易于安装和维护。通过 FTE,Experion PKS 可以实现和原有 TDC2000、TDC3000 和 TPS 系统的集成,从而构成整个工厂的管理和控制一体化系统。Experion PKS 的系统体系结构如图 2.5 所示。

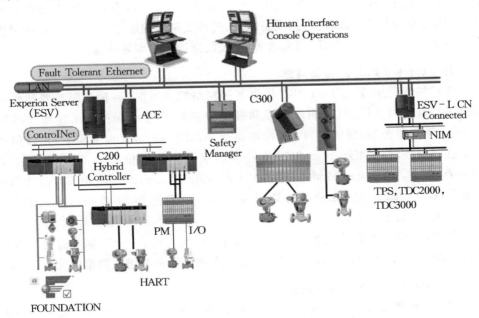

图 2.5　Experion PKS 系统体系结构示意图

(1) 现场控制站　根据实际工程需要现场控制站可采用冗余配置的 C200 混合控制器和紧凑型 C300 控制器。

(2) I/O 模块　典型的 I/O 模块有:A 系列机架型 I/O、A 系列导轨型 I/O、

H 系列本安型 I/O、C 系列 I/O 和过程管理站 PMIO（Process Manager Input/Output）等。一般情况下，A 系列 I/O、H 系列 I/O 和 PMIO 可以自由地在采用 C200 和 C300 控制器的 PKS 系统中使用，而 C 系列的 I/O 一般用于 C300 控制器的 PKS 系统中。

I/O 模块提供 4～20 mA 或 1～5 V 标准信号输入方式，也提供热电偶、热电阻等信号输入方式，多种数字量输入 DI 和数字量输出 DO 模块，并可通过 Profibus、FF 等与现场总线设备进行通信。

（3）工程师站（服务器） 在 Experion PKS 中，工程师站的所有功能都可以在服务器上实现。DCS 服务器上具有工程和实时数据库，分别存放系统的组态信息和过程参数实时采样数据，并通过实时数据库对过程参数值进行历史数据记录和数据分类处理。整个系统采用统一的数据库 SQL Server 2000，并驻留在服务器上，系统所有操作员站所需要的数据均通过服务器获得。

（4）操作员站 它是人机交互窗口，Experion PKS 操作员站的人机界面采用 HMI Web 技术，提供操作界面。用户直接通过 IE 浏览器来显示和操控各种画面，完成对现场的工艺过程流程、设备状态、过程变量等的监控，以及对系统的报警和事件进行查询和确认处理，完成趋势、报表的查询和打印等功能。

2. Experion PKS 的通信网络

在监控管理层，Experion PKS 提供两种网络解决方案：一种是服务器和操作站间采用普通以太网通信，而服务器和现场控制站采用 ControlNet 现场总线通信；另一种是服务器、现场控制站和操作站间采用统一的容错以太网 FTE 通信方式。在现场控制层，Experion PKS 支持多种现场总线通信技术，可以通过 CNI（ControlNet Interface Module）、FIM（FieldBus Interface Module）和 PBIM（Profibus Interface Module）现场总线接口卡，分别实现与 ControlNet、FF 和 Profibus 总线设备的通信。

此外，Experion PKS 还提供 OPC 通信技术，允许符合 OPC 规范的第三方软件和系统访问 PKS 的数据，也支持连接第三方现场设备并访问数据的能力。

3. Experion PKS 的软件结构

（1）工程师站（服务器）软件 Experion PKS 采用 Configuration Studio 组态工作室软件来完成对整个 DCS 的配置、组态和管理。各种组态工具都集成在 Configuration Studio 组态工作室里，运行 Quick Buider 软件，进行系统设备的配置；运行 Control Builder 软件，可以开发控制站的控制程序，实现回路控制、逻辑控制、顺序控制和高级过程控制等功能；通过 Display Builder 软件或 HMI Web 软件，进行监控画面的开发。

（2）操作员站软件　它的主要功能是运行监控画面，为操作员提供一个监控工艺过程的接口，通过 Station 软件实现。操作员站软件支持菜单/导航画面、事件汇总显示画面、操作组画面、系统状态显示画面、回路调节画面、诊断与维护画面、趋势画面、报警汇总显示画面、点细目和组细目显示等。

2.3.3　XDPS-400$^+$ 系统

XDPS-400$^+$（XinHua Distributed Processing System，XDPS）新华分布式处理系统，是新华公司于 20 世纪 90 年代早期推出的基于过程控制和企业管理为一体的分散控制系统。XDPS-400$^+$ 是一个融计算机、网络、数据库、信息技术和自动控制技术为一体的工业信息技术系列产品。其特点是系统的开放性，硬件、软件与通信都采用了国际标准或主流工业产品，构成了开放的工业控制系统。XDPS-400$^+$ 系统能够适应多种过程的监控和过程管理，占国产 DCS 市场份额较大，尤其是在电力行业（火电和水电）应用最为广泛，如电站的分散控制、电厂调度和管理信息系统、变电站监控、电网自动化等。

1. XDPS-400$^+$ 系统的硬件结构

XDPS-400$^+$ 系统采用环型冗余以太网构成实时通信网络（A 网和 B 网），将分布式处理单元 DPU（Distributed Processing Unit）、操作员站 OPU（Operate Processing Unit）、工程师站 ENG（ENGineer unit）和历史数据站 HSU（Historical Store Unit）等设备连接起来，组成分散控制系统。

XDPS-400$^+$ 通过冗余的实时通信网络，周期性广播实时信息以及各种计算中间量。通信协议符合 ISO/OSI 参考模型，数据链路符合 IEEE802.3 标准，介质访问控制方式为 CSMA/CD，网络通信速率为 10 Mb/s、100 Mb/s。此外，系统还配置了一路采用 TCP/IP 通信协议的以太网作为信息网络（C 网），传输各种文件型的数据以及管理信息，可以方便地实现与其它系统的连接。

XDPS-400$^+$ 系统的体系结构如图 2.6 所示。

（1）分布式处理单元 DPU　DPU 作为过程控制站，以工业控制主机为基础，通过实时通信网络与其它 DPU、OPU、ENG 站点连接，提供双向信息交换，实现多种先进控制策略，完成数据采集、模拟调节、顺序控制、专家指导及用户的一些特殊要求。DPU 是一个独立的工业控制计算机，主要由高性能处理器、高速通信通道、高精度的 GPS 时钟定时器、大容量的数据存储器、高性能的 I/O 总线及专用的 DPU 切换模件等组成。

每个 DPU 均有两个独立的网络通信接口，通信速率达 100 Mb/s，与实时通信网络连接，实现数据的广播和接收。每个 DPU 最大可以同时挂载 8 个 I/O 站，每个 I/O 站最大管理 12 个 I/O 模件；DPU 与 I/O 站之间采用高速 I/O 总线连接，速率达 10 Mb/s,I/O 站与 I/O 模块通过硬件电路以并行方式进行通信。DPU 也可冗余配置。

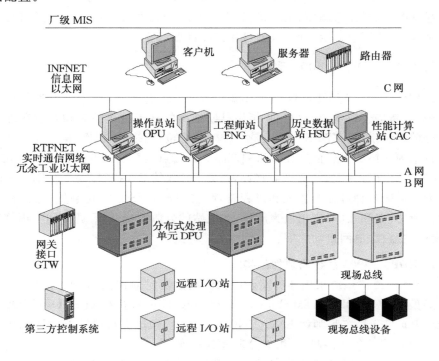

图 2.6　XDPS-400⁺ 系统网络体系结构图

（2）I/O 模块　XDPS-400⁺ 系统提供的 I/O 模块包括常规过程 I/O 模块和特殊 I/O 模块。常规过程 I/O 模块有四种:模拟量输入 AI、模拟量输出 AO、数字量输入 DI 和数字量输出 DO 模块。

（3）工程师站 ENG 和操作员站 OPU　XDPS-400⁺ 系统的所有 OPU、ENG 等通称为人机接口站 MMI(Man Machine Interface),采用常规高性能的 PC 工作站或 PC 服务器。MMI 站为组态开发、过程监视、控制、诊断、维护、优化管理等提供支持和运行界面。

工程师站与操作员站配置相同,ENG 和 OPU 的功能是通过监控软件包的授权来实现的,通过不同级别的授权,任何一个 MMI 站均可实现操作员站和工程师站的功能。

XDPS-400⁺ 系统将 MMI 站分为四种级别:OPU、SOPU、ENG、SENG。其中,OPU 只能进行画面监控;SOPU 除了画面监控外,还具有组态中修改功能块参数的权限;ENG 则具有对 DPU 进行组态、操作等功能,如控制程序的生成、调试和维护,监控画面的设计等;SENG 则在 ENG 权限的基础上,还有下装文件的权限,并可对 DPU 软件进行升级。

2. XDPS - 400⁺ 系统的通信网络

XDPS - 400⁺ 系统的网络拓扑结构有总线型、星型和光纤环网三种配置方式。系统主要的通信网络可以分为以下几个部分:实时通信网络 RTFNET,负责实时信息的广播,报警和设备状态的通告等,是系统的实时主干网络;信息网 INFNET,采用快速以太网技术,负责非实时信息的传递;I/O 总线,负责 DPU 和 I/O 站之间的数据通信;FIO 总线,负责 DPU 与远程 I/O 站之间的数据通信;FCS 网络,负责 RTFNET 实时主干网络与远程控制站之间的数据通信。

3. XDPS - 400⁺ 系统的软件结构

XDPS - 400⁺ 系统的软件主要由以下几部分构成:工程师站软件、操作员站软件、历史数据站软件、DPU 软件和 GTW 网关软件。

(1) 工程师站软件　　主要进行系统组态、网络设置、全局点目录组态、DPU 控制策略组态、MMI 画面生成、报表生成、历史数据和日志记录的组态等,并可以对系统进行在线调试和维护。XDPS - 400⁺ 系统的组态软件包括过控监控组态软件包(DPUCFG)和监控画面生成软件包(MAKER)。前者用来组态控制策略,后者用于监控画面的生成。

(2) 操作员站软件　　该软件主要为操作人员提供监控窗口,从而实现对生产过程进行监测与控制,实现图形显示,进行报表查询和打印等功能。

2.3.4　其它 DCS 系统

1. CENTUM CS 3000(Yokogawa 公司)

横河公司自从 1975 年推出其第一套集散控制系统 CENTUM 之后,在三十几年的时间里,先后推出了 YEWPACK、CENTUM XL、μXL、CENTUM CS、CENTUM CS 1000 等集散控制系统,并于 1998 年推出了 CENTUM CS 3000 综合生产控制管理系统。

CS 3000 采用开放型控制总线 Vnet/IP,基于 Windows XP 操作系统,支持 OPC 等开放软件。在网络协议上,支持 Ethernet、FF、Profibus、RS232C、RS485 和 MODBUS 等标准网络和接口,并能实现开放的网络状态监测。CS 3000 能实现连续反馈控制、断续顺序控制,以及操作、优化、分析、管理和计划功能。具有简捷开放的组态方式和简捷的登录功能。CS 3000 支持各个层面上的系统冗余,现场控制站可以支持四个 CPU,成对热备、冗余容错技术,可以达到快速的无扰切换。

2. PCS 7（Siemens 公司）

PCS 7 是西门子公司推出的全集成自动化系统,采用工业以太网和 Profibus 现场总线等通信技术。下位控制站采用西门子冗余的 S7 400H,通过 ET200 分布式 I/O 实现和现场设备的数据交换。上位监控系统采用 WinCC 过程组态软件,并集成有多种现场设备的显示功能。

PCS 7 既具有强大的回路控制能力,又具有逻辑控制、顺序控制等功能。采用分布式客户机/服务器体系结构,在各个层级上均支持冗余功能,提高可靠性。所有 I/O 模块支持热插拔(运行期间模块的插入和拆卸)功能,并可在运行期间进行系统的扩展和参数的修改,针对危险区域的 I/O 模块可以确保在本安要求的场合安全使用。PCS 7 已广泛地应用到过程控制、制造工业和混合工业。

3. I/A Series（Foxboro 公司）

I/A Series (Intelligent Automation Series)是 Foxboro 公司于 1987 年推出的一款智能自动化系列的开放式分散控制系统,网络通信符合国际标准化组织 ISO 提出的开放系统互连参考模型 OSI,该系统可以实现与标准以太网、ATM 网之间的数据通信。

I/A Series 系统的通信网络由四层模块化网络组成:工厂信息网、主干信息网 LAN、节点总线和现场总线,可以方便地实现和厂级信息网络的集成。I/A Series 具有模件式结构,采用两类过程控制装置:一类是控制处理器和现场总线模件相结合的方式;另一类是直接采用现场总线模件,用 PC 机和集成控制组态软件完成控制功能。集成控制组态软件把常规控制、顺序控制和批量控制集成在一个环境中,它的控制功能能够相互结合,组态灵活方便。

I/A Series 的应用软件主要包括系统管理软件、历史数据软件、FoxView 显示管理软件、FoxDraw 画面建立软件和 FoxAlert 报警管理软件等。可以实现过程工艺参数和状态显示、报警信息显示,过程操作流程画面、调整画面的组态和显示,并支持三维的画面显示功能,具有连续和离散数值和应用信息的历史数据存储和查询功能。

2.4　现场总线控制系统

在工业自动化控制系统中,控制网络不仅是工业现场各种信息传输的通道,也是系统控制策略在工业过程现场得以有效实现的保证。为了实现可靠的控制,工业现场需要的是控制功能分散、通信协议标准开放的控制系统。为了方便地控制、维护和管理现场设备以及工业过程,用户也迫切希望通过更开放的控制网络来获得更多的现场信息。

20 世纪 80 年代中期,为了打破 DCS 封闭控制网络所导致的"自动化信息孤岛"的局面,实现现场信息的标准化透明传输,达到彻底的分散控制和设备在线维护的目的。同时,在智能仪表和控制网络等高新技术快速发展的推动下,出现了现场总线(Fieldbus)技术。现场总线作为最底层的控制网络,彻底废弃了 DCS 系统 4~20 mA 模拟信号传输方式,在现场仪表之间以及现场仪表和控制设备之间实现了可靠的双向数字通信,实现了系统控制功能的彻底分散。由现场总线作为主要通信网络所构成的系统,称为现场总线控制系统(FCS)。

2.4.1　现场总线技术概述

从本质上说,现场总线是一种数字通信协议,它将当今的网络通信与管理观念融入控制领域,是连接现场智能设备和自动化系统的数字式、全分布、双向传输、多分支结构的通信网络,是通信技术、仪表工业技术和计算机网络技术等高新技术相结合的产物。现场总线是当今自动化领域的热点之一,它的出现标志着工业控制技术又进入了一个新的时代。

传统的分布式控制系统中,信息交换可以分为三个层次:操作员站、控制站和现场仪表。操作员站和控制站之间是数字通信,控制站和现场仪表之间多为 4~20 mA 或 1~5 V 的模拟通信方式。整个工业过程的控制功能完全由现场控制站来承担,严格意义上讲仍然属于集中控制方式。一旦现场控制站出现故障,由此控制站所承担的这些回路控制将全部失效,因此危险还没有彻底分散。

现场总线技术的出现和大规模集成电路技术的发展,使得大量分布在生产现场的各种现场仪表,如传感器、变送器和执行器等,能够内嵌专用的微处理器,各自都具有数字计算和数字通信能力,从而诞生了智能化现场仪表。这类设备本身就具有信号转换、处理、补偿、校正和数字通信能力,同时还有 PID 控制等功能以及报警、趋势分析等功能。

现场总线技术的使用,使得控制系统的体系结构发生了彻底的改变。图 2.7 是以现场总线为基础的企业信息网络系统示意图。该系统从生产现场的底层开始,可分为现场控制层、过程监控层、生产管理层和决策层,通过各层的信息交换,构成较为完整的企业信息网络。

(1) 现场控制层　其通信任务主要由现场总线来承担,通过 H1、H2、LonWorks 等现场总线网段与工厂现场设备相连。它是现场总线控制系统的最底层,该层的通信网络要求具有可靠的实时通信性能,传输的数据量较小。

(2) 过程监控层　主要完成各种现场工艺过程信息的实时显示,并置入实时数据库,进行高级控制与优化计算。通过为操作人员提供人机接口,监控现场设备的状态和过程信息。该层的通信网络和现场控制层的控制网络之间,需要使用各种网关,实现与各种现场总线网段的通信。

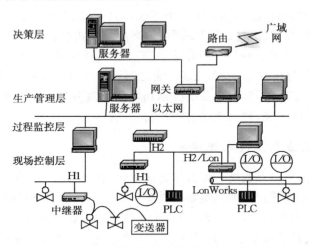

图 2.7　现场总线系统结构示意图

（3）生产管理层　主要完成生产调度、生产计划、营销管理、库存管理、财务管理和人事管理等功能。在该层面上,一般由关系数据库收集整理来自各部门的信息,并进行综合处理。该层的通信网络一般采用以太网,对通信的实时性要求不高,但需要传输大量的数据。

（4）决策层　是工厂信息网络的最上层,为企业生产经营和决策提供依据,并实现整个工厂甚至于整个企业集团的信息共享。在该层面上,网络通信需要考虑安全性,一般通过硬件防火墙和企业外部网络建立连接,并防范各种网络病毒和外部非法访问的入侵。

2.4.2　现场总线技术的特点

现场总线技术一经出现,立刻引起了整个工业界的普遍重视。各个国家和大公司都非常重视发展现场总线技术,其根本原因是由现场总线技术的特点所决定的。现场总线代表了当今先进的控制网络技术,将是当今乃至今后相当长的时间内,工业自动化领域占主导地位的控制网络形式。

根据 IEC/ISA 的定义,现场总线是安装在制造或过程区域的现场装置与控制室内的自动控制装置之间的全数字式、串行、双向和多点通信的数据总线。现场总线不仅是一个数据总线,也是一个实时通信系统。现场总线技术的特点主要集中在以下几个方面。

1. 系统开放性好，设备可以实现互操作和互换

现场总线采用标准的通信协议，对现场设备所采用的测控功能指令进行了规范和统一。这些技术使得现场总线控制系统具有较好的开放性，可以和任何遵从同类总线标准的设备或系统实现互联。来自于不同厂家，符合同一种总线协议标准的各个现场设备之间，可以相互理解所传递的信息，并能实现设备间的互操作和互换。

采用现场总线技术用户具有高度的系统集成主动权，不再受制于系统制造商，可以根据实际需要选择不同厂家的设备，通过现场总线技术组成合适规模的开放型控制系统。

2. 系统体系结构具有高度分散性

现场总线技术构成的系统，是一种实时分布式网络控制系统，现场的检测设备和执行机构的输入和输出，可以通过现场总线构成闭环控制回路，将控制功能彻底下放到现场。

现场总线技术彻底改变了 DCS 现场设备和控制站之间模拟信号传输的数据通信体系结构，在现场设备之间，以及现场设备和控制管理设备之间，实现了全数字式通信，从而实现了真正意义上的分散控制和信息的集中管理。

3. 提高了控制效果和数据传输质量

除了过程参数外，现场总线允许将更多的有用信息，如设备状态信息等，通过数字通信的方式提供给控制系统的上层管理部分。信息量的增加，使得系统能对过程工艺状况和现场设备运行情况具有全面的掌握，从而提高控制效果。

现场总线的可靠数字通信，提高了信息传输的精度，减少了失真，提高了数据质量。同时，控制功能分布在现场设备中，使控制更为可靠，也会大大提高控制品质。

4. 现场设备具有高度智能化和功能自治能力

现场设备自身具有检测、控制和诊断等诸多功能，仅靠现场设备就可以实现自动控制的基本功能，并随时诊断设备的运行状况。一方面，使得信息处理和控制可以现场本地化处理；另一方面，能为用户提供更丰富的现场设备和环境信息。

这些信息为实现现场设备的远程诊断、维护和控制奠定了基础。现场总线技术在过程自动化中的应用，会提供更有效的组态和诊断功能。

5. 对现场环境的适应性增强

现场总线作为底层控制网络，是专为工业现场环境而设计的，具有较高的噪声抑制和抗干扰能力。独特的物理层设计，使得多数现场总线能够提供总线供电功能，并支持本安防爆。

现场总线的传输介质较多，可采用双绞线、同轴电缆、光纤、电力线和无线传输

等物理介质进行信息传输。用户可以根据实际工程情况,选择合适的传输介质来实现现场设备之间、现场设备和监控设备之间的数据通信。

6. 高可靠性,低施工成本

现场总线技术实现了串行、多点和双向全数字式通信,提高了信息传输的准确性和可靠性,抗干扰能力强,精度高,减少了传送误差,大大提高了系统的可靠性。

控制回路分散到现场设备中,系统危险彻底分散。与原有 DCS 一对一的模拟信号接线结构相比,大大减少了接线的复杂性,减小了系统硬件成本,节约了安装和维护费用。

2.4.3 典型的现场总线技术

在经济和技术等多方面因素的影响下,现场总线技术协议众多,各个总线组织都力图使自己的总线在国家标准或地区标准中占有一席之地,以便为进入国际标准打下良好基础,增加市场竞争力和争取更大的商业利益。

在各方的努力协调和各大国际组织以及生产厂家的积极参与下,到 2000 年初,包括 FF H1、Profibus、ControlNet、P-Net、FF HSE、SwiftNet、WorldFIP 和 Interbus在内的八种现场总线协议成为最终的国际标准 IEC 61158,这个标准确保了设备制造商和最终用户对已有现场总线的大量投资得到保护。

1. 基金会现场总线

基金会现场总线(Foundation Fieldbus,FF)作为面向过程控制的总线协议,在工业自动化领域占据着非常重要的地位,是过程自动化领域得到广泛支持并具有良好应用前景的网络通信技术。FF 总线开始于 1994 年,由 ISP 和 WorldFIP 北美部分合并成立的 FF 现场总线基金会,按照开发单一国际标准现场总线协议的初衷而制定的。FF 总线由低速总线 FF H1 和高速总线 FF HSE 组成,这两部分均被现场总线国际标准 IEC 61158 所采纳。

FF H1 主要用于过程工业自动化,传输速率为 31.25 kb/s。FF H1 总线以 ISO/OSI 模型为基础,取其物理层、数据链路层和应用层,并在应用层上加入了用户层,从而形成了四层的网络模型。其中数据链路层和应用层构成了 FF H1 的通信栈,用于完成总线上各设备之间的通信功能。在数据链路层,FF H1 采用的是集中总线仲裁和令牌传递相结合的介质访问控制方法。在这种介质访问控制方法中,由链路活动调度器来实现链路活动调度的所有功能,并管理总线上各设备对现场总线的访问和控制,以及实现链路维护和链路时间同步等功能,总线带宽由链路活动调度器进行集中管理。

FF HSE 主要用于制造业自动化以及逻辑控制和高级控制等场合,采用增强的标准以太网技术,通信速率为 100 Mb/s。FF HSE 可以作为多条 FF H1 总线或其它网络的网关桥路器,FF H1 和其它总线段通过链路设备和 I/O 子系统接口连入 FF HSE 总线中,从而组成一个涵盖现场控制级和过程控制级两个层次的控制网络。

2. Profibus 总线

Profibus 是一种典型的支持实时通信的现场总线技术,广泛应用在苛刻的工业环境中进行实时信息的传输,通信速率可以高达 12 Mb/s。Profibus 总线始于 1984 年,1989 年立项为德国国家标准 DIN 19245,1991—1995 年先后实施 part1—4,1996 年 3 月被批准为欧洲标准 EN50170 V.2。2000 年初,成为 IEC 61158 八种现场总线国际标准之一。

Profibus 总线有 3 个兼容版本:Profibus-FMS、Profibus-DP 和 Profibus-PA。Profibus-FMS(Fieldbus Message Specification,现场总线信息规范)用于车间级监控网络及大范围和复杂的通信系统,它提供了广泛的应用服务,具有更大的灵活性,是制造自动化领域最合适的版本,对应德国标准 DIN19245 part1—2。Profibus-DP(Decentralized Periphery,分散外围设备)用于设备级自动控制系统与分散的外围设备之间的通信,也是当前 DCS 和 FCS 广泛支持的总线标准之一,尤其是在远程分布式 I/O 方面应用极为广泛,对应德国标准 DIN19245 part3;Profibus-PA(Process Automation,过程自动化)专为过程自动化设计,可以用在本安领域,并通过总线向现场设备供电,是目前现场设备广泛采用的总线标准之一,对应德国标准 DIN19245 part4。

3. ControlNet 总线

ControlNet 总线是一种高速确定性网络,特别适用于对时间有苛刻要求的复杂应用场合的信息传输。目前,包括很多 PLC 和 DCS 在内的控制系统,都支持 ControlNet 总线,如 AB 的 Controllogix PLC 和 Honeywell 的 Experion PKS 过程知识系统等。

ControlNet 协议由物理层、数据链路层、网络和传输层以及应用层构成。物理层介质为同轴电缆或光线,同时提供了一个本地 RS422 通信接口,用来进行编程和维护。通信速率 5 Mb/s,满足本安防爆要求,支持介质冗余。网络拓扑结构可以是总线型、星型或树型。

在数据链路层,ControlNet 链路的最重要功能是在传送对时间有苛刻要求的实时控制信息的同时,无时间苛刻要求的非实时信息(如程序上传和下载数据)也能传送,并且不影响实时信息的传输。介质访问控制采用并行时间域多路存取(Concurrent Time Domain Multiple Access,CTDMA)方法,控制各节点在网络上的数据传输。这种控制方法以精确的时间间隔,即网络更新时间 NUT(Network

Update Time)进行重复。节点所有的信息在 NUT 内发送,用户可以定义毫秒级 (2~200 ms)的 NUT,以提高实时信息的传输速度。

4. WorldFIP 总线

WorldFIP 总线是在法国标准 FIP－C46－601/C46—607 的基础上,采纳了 IEC 物理层国际标准发展起来的一种总线技术,既是 IEC 61158 国际标准之一,也是欧洲现场总线标准 EN50170 的第三部分(V.3)。

WorldFIP 总线由物理层、数据链路层和应用层组成。WorldFIP 总线的物理层采用 IEC 61158—2 作为物理层模型,传输介质可以是屏蔽双绞线或光纤,支持介质冗余。用铜屏蔽双绞线时传输速率有 31.25 kb/s、1 Mb/s 和 2.5 Mb/s,典型速率是 1 Mb/s。当使用光纤时,传输速率可以达到 5 Mb/s。使用 Manchester 编码方式。

在数据链路层,介质访问控制采用总线仲裁(Bus Arbitrator,BA)方式,通信方式采用生产者/客户模式。在总线上,按照一定的时序,为每个信息生产者分配一定的时段,在总线仲裁器里存放着调度顺序表,总线仲裁器按照这个调度顺序表发出提问请求,逐个呼叫每个生产者。生产者在规定时间内对总线仲裁器的呼叫做出反应,并发送数据。WorldFIP 满足 Internet 传输和实时传输互不干扰的要求,所以可与 Internet 进行很好的链接,使其与上层网络,尤其是Internet的链接变得简单而高效。

5. HART 总线

HART 是一种可寻址远程传感器高速通道的开放通信网络,通信速率最大为 1.2 Mb/s。HART 最初由美国 Rosemount 公司开发,并于 1993 年成立了 HART 通信基金会。HART 总线可以在原有模拟信号传输线上实现数字信号通信,是模拟系统向数字系统转变过程中的过渡性产品,在当前现场总线广泛应用的今天,仍然具有很强的市场竞争力。

HART 总线的优越性主要体现在与现有模拟系统的兼容上,HART 在 4~20 mA 模拟信号上叠加了一个频率信号,可以使模拟信号与数字双向通信能够同时进行,而互不干扰。因此,符合 HART 总线协议的仪表,只要通过 HART I/O 接口,即可实现与 DCS 的数据交换,而不需要对系统进行额外改动。

HART 采用统一的设备描述语言 DDL,设备开发商只要采用这种语言来描述现场设备特性,即可实现仪表和 HART 总线的通信。HART 总线能够实现总线供电,满足本安防爆要求,并可利用手持编程器对仪表参数进行设置,对仪表进行维护。也可通过软件,实现远程过程变量的查询和参数设定等。

2.5　全厂监控信息系统

随着火电机组容量不断增大,电力市场竞争日趋激烈,如何最大限度地发挥机组性能,减少生产运行费用,降低生产成本,提高企业生产管理水平和市场竞争力成为电力生产企业关注的重要问题。机组监控系统的作用已不再局限于保证工艺系统的安全正常运行,而是要在保证安全正常生产的基础上通过优化控制使整个电厂主辅机设备的潜力充分发挥出来,使整个工艺系统的运行保持在最佳、最稳定、最经济的状态。并且通过改善主辅机设备的可控性和控制系统本身的性能,达到减少运行值班人员和运行检修维护费用,提高经济效益的目的。全厂监控信息系统(Supervisory Information System,SIS)正是在这种形势下产生的。

2.5.1　SIS

1. SIS 的概念

现场运行的各种控制系统(主机 DCS 系统、化学水处理、输煤程控、灰控、网控等)中,蕴含着大量的生产实时数据,这些数据是电厂生产状况的实际体现,也是机组优化运行、综合管理的基础。首先,SIS 提供多种数据交换接口,在保证各监控系统安全运行的前提下,能使现有的及新增加的生产过程数据进入 SIS 系统,建立完善的生产过程历史数据档案和实时数据档案,并提供后续研发和完善的平台空间。再者,SIS 集综合监控、经济性分析、故障诊断、控制系统优化等功能为一体。发电厂各台机组的 DCS 系统、化水、除灰、输煤、电气控制系统均挂接在 SIS 网络上,向 SIS 系统提供生产运行数据。通过 SIS 优化全厂生产运行,向全厂各生产监控网提供生产运行统计和分析数据,提供机组运行人员和生产管理者实时控制和决策的依据,SIS 的基本架构如图 2.8 所示。目前 SIS 上设置有以下完成基本功能的操作站和计算站。

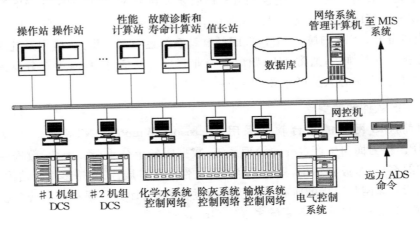

图 2.8　SIS 架构

(1) 值长站　这是总值长浏览监视全厂生产的管理站,总值长通过该站可发出对全厂生产的指令。

（2）性能计算站　定时对机组的性能指标和全厂的性能指标进行计算。

（3）故障诊断和寿命计算站　对各主要设备的寿命进行计算。对各主要设备进行故障预报或故障定位分析计算。

2. SIS 与 MIS

SIS 和 MIS(管理信息系统)是两个各自独立的网络,在数字化电厂的整体结构中定位在两个不同层面,担负不同的任务,具有不同的安全性和可靠性要求。

大型火力发电企业应建立独立的 SIS 网络环境,网络应具备专属的交换机、服务器、工作站、接口机等设备。由于 MIS 系统庞大,网络复杂,除连接在社会因特网上外,内部大量的用户也是极难管理与防范入侵的端口,MIS 只能做到尽最大努力将病毒、黑客入侵等危害限制在最小;而 SIS 必须杜绝各种入侵,必须有效隔离外网的访问和屏蔽内部存在的潜在危害的端口,同时还要确保 SIS 不会向机组(车间)级自动化系统发出干扰信号和指令。

SIS 位于生产运行操作指导与管理层,系统中主要数据是来自于各自动化系统的动态数据,直接服务的对象是运行操作和运行管理人员,作用是提高设备安全、经济运行指标,并向 MIS 提供动态的生产基础数据;MIS 位于非实时生产管理和经营管理层,系统中的数据包括检修人员、资产、费用、物资、文件、管理科目等静态数据和来自 SIS 的动态数据,服务对象是生产检修和企业管理机构,作用是实现企业现代化生产检修和经营管理。鉴于 SIS 和 MIS 在管理要求上存在极大的差异,特别是 SIS 对实时性、安全性和可靠性的要求高于 MIS,当 SIS 与 MIS 独立建网时,SIS 和 MIS 的归属及人员组织不应合并,不应混合管理,SIS 和 MIS 的组织机构应该分开。SIS 归属生产口,应配备监管系统运行的专责人,应用系统应由生产专业技术人员维护;通常 MIS 归属在企业管理口的信息中心,为充分发挥人力资源共享,信息中心人员可兼管 SIS 设备维护。

3. SIS 软件和数据库

目前,SIS 网络的平台软件采用 Microsoft Windows NT,通信协议采用 TCP/IP。作为面向生产过程的管理系统,数据服务十分重要。因此,数据库结构是标准的客户/服务器结构,具有良好的开放性和可扩展性;支持多平台结构;数据信息包括与该网相连接的所有实时系统的过程数据、计算数据和本系统分析计算结果、操作记录。目前,SIS 系统多选用 Oracle 关系数据库。

2.5.2　SIS 的功能

SIS 的功能可以分为基本功能和扩展功能两部分,其基本功能必须包括如下几个方面。

① 建立完整的全厂生产数据库。

② 根据过程信息进行经济指标、性能计算分析并进行操作指导。包括机组级性能计算和分析，厂级性能计算和分析，机组经济性能指标分析，提供运行优化曲线和设备操作指导。这项功能是最基本的功能，其技术成熟，效果明显，投资少，简单易行。

③ 运行调度、优化运行控制。包括机组级运行调度、厂级运行调度；控制回路的控制方式、控制参数优化等。该项功能具有明显经济效益，投资适中，其效果取决于设计与优化软件的水平，开发人员的经验等。

④ 设备状态监测和故障诊断。进行设备状态监测，机组运行故障诊断，机组寿命管理，汽轮发电机组振动监测数据管理和金属状态检测监督。

设备状态监测和故障诊断等功能作用潜力大，投资也大，通常需要补充信号测点和辅助设备，需要在数据积累和经验积累的基础上进行。该功能对预警设备故障，提高电厂安全性有显著的作用，这些功能也是实行设备状态检修的基础。

⑤ 机组在线性能试验。以实时数据库和数据积累为基础，支持运行优化功能，包括机组在线性能试验和转动机械转子温度试验和计算。

SIS 系统基本功能之外的功能均视为扩展功能，扩展功能主要有：发电厂远程技术服务网络的连接、机组仿真系统的连接等。扩展功能是对 SIS 资源的挖掘及充分利用，属于可选功能。

2.6 600 MW 机组自动化系统

本节以某电厂两台 600 MW 亚临界凝汽式直接空冷汽轮发电机组为例，介绍其自动化系统的结构和功能，以使读者对火电厂自动化系统的基本功能、硬件配置和布局有一个基本了解。

2.6.1 机组概况

1. 锅炉

机组配套亚临界参数 Ⅱ 型强制循环汽包炉，一次中间再热、单炉膛、四角切圆燃烧方式、燃烧器摆动调温、平衡通风、固态排渣、全钢悬吊结构、紧身封闭布置的燃煤锅炉。锅炉主要参数为：过热蒸汽流量为 2 093 t/h，过热器出口蒸汽压力为 17.47 MPa，过热器出口蒸汽温度为 541 ℃；再热蒸汽流量为 1 779.6 t/h，再热器进/出口蒸汽压力为 4.08/3.89 MPa，进出口蒸汽温度为 335/541 ℃；给水温度为 284 ℃。

锅炉制粉系统采用中速磨煤机冷—次风机正压直吹式系统，每台锅炉设置

6 个原煤仓、6 台电子称重式给煤机、6 台中速磨煤机、三分仓转子回转式空气预热器、两台离心式一次风机、两台动叶可调轴流式二次风机、两台静叶可调轴流式引风机;设双室四电场静电除尘器,配制 6 层煤粉燃烧器,共 24 只;配制三层油燃烧器,共 12 只,油枪采用机械雾化,高能点火器点燃轻油,轻油点燃煤粉。

2. 汽轮机及热力系统

机组配套亚临界、一次中间再热、单轴、三缸四排汽、七级非调整回热抽汽、直接空冷凝汽式汽轮机。汽轮机主汽门前蒸汽压力为 16.67 MPa,温度为 538 ℃。中联门前蒸汽温度为 538 ℃。汽轮机排汽压力的额定工况(Turbine Heat Acceptance,THA)为 15 kPa,能力工况(Turbine Rated Load,TRL)为 35 kPa。额定转速为 3 000 r/min。

汽轮机设计高、低压二级串联旁路系统。系统配置 3 台 50% 额定容量的电动调速给水泵,两台运行,一台备用。回热系统由三级高压加热器、一级除氧器和三级低压加热器组成。系统设两台 100% 容量的立式定速凝结水泵,凝结水采用中压精处理装置。设有 3 台 100% 容量的机械真空泵。机组启动时,3 台真空泵同时投入运行,以加快抽真空过程。正常运行时,一台运行,两台备用。

空冷系统采用机械通风直接空冷系统。设计满发背压 35 kPa。空冷凝汽器采用顺、逆流设计,一台机组设 56 个冷却单元。

3. 发电机

配套发电机的额定功率 600 MW,额定功率因数 0.9,额定电压 20 kV,额定转速 3 000 r/min,周波 50 Hz。

2.6.2　控制范围

热工控制系统的范围包括以下主厂房和辅助车间设备,以及工艺系统的监控、报警及保护。

① 锅炉、汽轮机、发电机及辅助系统设备(包括空冷装置)。

② 凝结水精处理系统。

③ 化学补给水系统。

④ 化学加药及汽水取样系统。

⑤ 污水、工业废水处理。

⑥ 辅机冷却水泵房和冷却水加药系统。

⑦ 综合水泵房及净化站。

⑧ 煤水处理。

⑨ 输煤系统。

⑩ 燃油泵房。

⑪ 电除尘、除灰除渣系统。

⑫ 脱硫系统。

⑬ 制氢站。

⑭ 启动锅炉房。

⑮ 空压机站。

⑯ 热工自动化实验室。

⑰ 火灾检测、报警及消防。

⑱ 采暖加热及空调系统。

⑲ 闭路电视监视系统。

⑳ 全厂 GPS 系统。

2.6.3　控制方式

自动化系统主要包括全厂信息系统(SIS)、分布式控制系统(DCS)以及辅助车间控制系统组成的自动化网络。采用控制功能分散,信息集中管理的原则设计。

炉、机、电、网及辅助车间集中监控。输煤、脱硫控制室设置值班员,没有单独的电气网络控制室及其它辅助车间(系统)的控制室。运行人员在集中控制室内的操作员站上实现机组启/停运行的控制、正常运行的监视和调整以及机组运行异常与事故工况的处理。

在集中控制室内,通过辅助车间控制网络的操作员站对各辅助车间进行监控。在主要辅助车间的控制设备室内布置车间操作员站,辅助车间以集中控制室为主要监控手段,就地辅助车间操作员站监控仅在网络故障、设备调试等特殊情况下使用。

控制室内仅有独立于 DCS 的硬接线紧急停机、停炉、停发电机等控制开关或按钮,没有后备监控设备和常规显示仪表。配置有炉膛火焰和汽包水位工业电视以及重要无人值班区域的闭路电视监视系统。

2.6.4　控制设备及布置

1. 集控室布置

集中控制室简称集控室,是锅炉、汽轮机、发电机和各辅助系统(车间)的控制中心。运行人员从集中控制室可进行电厂启动、正常运行、停机和事故处理。两台机组合用 1 个集控室,布置在两台机组之间的集控楼内。

集中控制室内配置的主要设备有:DCS 操作员站,辅网操作员站,网控操作员站,值长站,调度台,脱硫系统操作员站,闭路电视,工业电视(炉膛火焰、汽包水位电视),功率、频率、转速、时间数显表,火灾报警及消防中央监控盘。

2. 工程师室

工程师室位于集中控制室与电子设备间之间。工程师室内包括 DCS 和 DEH 的所有组态和维护设备。工程师室主要配置包括：DCS 工程师站、DEH 工程师站、网控工程师站、汽轮机振动分析工作站、打印机。

3. 网络室

网络室配置在工程师室旁边,网络室内主要配置包括：SIS 计算站、SIS 管理及维护站、SIS 打印机和辅网管理站。

4. 电子设备间

电子设备间布置在集中控制室后部。两台机组电子设备间之间设防火隔墙,用于布置两台机组的 DCS 机柜,锅炉、汽轮机相关系统机柜以及电气、远动、网络设备等。每台机组在空冷平台下空冷配电室旁设有空冷系统就地电子设备间(全屏蔽房间),布置空冷系统 DCS 机柜。辅机冷却水泵房布置有远程 I/O 柜。集中控制室和电子设备间下 10.9 m 层相应位置设有电缆夹层。在现场监测点比较集中的区域(发电机、炉顶壁温区域等)布置有 DCS 远程 I/O 柜。

5. 辅助车间控制室和电子设备间

各辅助车间控制设备室布置在各车间内,室内布置有辅助系统的 PLC 机柜,其中对系统比较复杂或较为重要的车间(包括除灰系统、输煤系统、化学补给水系统、凝结水精处理系统、制氢站、燃油泵房、废水处理系统及综合水泵房系统等)还布置有就地操作员站,作临时监控用。对某些比较分散的辅助系统,采用远程 I/O 机柜,机柜布置在现场。

6. 就地盘柜布置

锅炉房和汽轮机房的变送器、压力开关、差压开关均就地分片集中,布置在就地仪表保护(温)柜内。如空气预热器间隙调整柜、空气预热器火灾探测柜、锅炉点火柜、胶球清洗柜、仪表保温保护柜等均就地布置。锅炉/汽轮机电动门配电箱、锅炉吹灰动力柜布置在 6.9 MW 热控动力小室内。

2.6.5　仪表和控制设备

1. DCS

DCS 采用艾默生公司的 OVATION 系统。DCS 的监视和控制范围为锅炉、汽轮机、热力系统、旁路系统、锅炉吹灰系统、直接空冷系统、主要辅机、发电机变压器组、厂用电系统。DCS 设置公用网络,辅机冷却水泵房及辅机冷却水加药和厂用电公用部分等辅助公用系统通过公用网络,可分别由＃1、＃2 单元机组 DCS 操作员站进行监控。DCS 系统根据其硬件配置及软件功能由五个子系统组成：
① DAS 数据采集及监视系统；② MCS 模拟量控制系统（含旁路控制系统）；
③ SCS 顺序控制系统；④ FSSS 炉膛安全监控系统；⑤ ECS 电气控制系统。

　　DCS 提供与汽轮机数字电液控制系统（DEH）、汽轮机监视系统（TSI）、汽轮机
紧急跳闸系统（ETS）连接的专用接口，实现了 DCS 的一体化监控。

　　控制系统网络硬件配置如图 2.9 所示。每台单元机组 DCS 配置电源分配柜
（1 面）、网络控制柜（1 面）、控制柜（20 面）、扩展柜（13 面）、继电器柜（8 面）、锅炉
MFT 跳闸继电器柜（1 面）、远程 I/O 柜（3 面）。两台机组的公用 DCS 部分配置电
源分配柜（1 面）、控制柜（1 面）、扩展柜（1 面）、继电器柜（1 面）。

2. 后备监控设备

　　在操作台上设置如下几个独立于 DCS 的硬手操开关：锅炉紧急跳闸（MFT）
按钮、汽轮机紧急跳闸按钮、汽轮机真空破坏门开按钮、汽轮机交流润滑油泵启动
按钮、汽轮机直流润滑油泵启动按钮、发电机空侧直流密封油泵启动按钮、发电机
组 500 kV 断路器（两台）紧急跳闸按钮、发电机灭磁开关紧急跳闸按钮、柴油发电
机紧急启动按钮。

　　辅助盘上布置有闭路电视系统监视器（4 台）、汽包水位和炉膛火焰工业电视
（2 台）、DCS 等离子监视器（2 台）、有功功率和转速等数码显示表。

3. 其它控制设备

　　火检系统采用 FONEY 的分体式红外型火焰检测器和火检风机等全套设备。火
焰检测器的配置为：每只油枪（单台炉共 12 只）配"一对一"油火检；每只煤燃烧器（单
台炉 24 只）的火嘴配"一对一"煤火检。两台火检冷却风机配有一个就地控制箱。

　　两台机组的锅炉飞灰含碳量采用两套独立的飞灰含碳测量系统检测，但共用
一套电控和主机处理系统。

　　两台机组的锅炉炉管泄漏报警装置使用一套主机系统，各采用一套检测传感器。

　　随锅炉配套的控制系统及设备包括：吹灰程控系统（4 面动力柜），空气预热器
漏风控制装置（主控箱 1 个，动力箱 1 个，分控箱 6 个），空气预热器红外热点探测
系统（驱动控制箱 2 个，检测控制箱 2 个），二次风挡板控制柜 10 面，就地点火柜
12 面，炉膛测温探针 2 套，炉膛火焰电视控制箱 2 套。

　　随汽轮机配套汽轮机监视仪表（TSI）柜 1 面，汽轮机紧急跳闸（ETS）柜 1 面，
DEH 机柜 4 面，汽轮机振动检测及故障分析系统上位机 1 台。

　　制粉系统配套给煤机微机控制柜 6 面及煤阀控制箱 6 个。磨煤机油站程控柜
6 面。

另外,各辅助车间程控 PLC 系统及其分类监控网络的组网方式采用 AB Controllogix 100 Mb工业以太网(光纤),网络通信介质冗余配置。自动化系统还配置有火灾检测报警系统、全厂闭路电视监视系统。全厂闭路电视监视系统对无人值班场所和影响机组安全的场所设置监视点进行监视,共设有 120 个摄像点。集中控制室专门设有 4 台等离子监视器用于全厂闭路电视系统画面显示。脱硫过程的控制系统硬件同 DCS 硬件,两台机组设置一套 DCS,设有 3 台操作员站,1 台工程师站。

2.6.6　主要热工控制功能

1. SIS 功能

SIS 综合两台发电机组和辅助车间的有关实时信息,并对各机组、辅助车间的运行提供基于优化分析或计算的在线运行指导。它将作为全厂的实时监控和信息管理的中心,通过将各个控制系统连成一体的通信网络,最有效地提高电厂运行和管理的安全性及经济性。SIS 对全厂生产过程实时监控,并提供厂级及机组级性能计算和分析功能等。

2. DCS 功能

(1) 数据采集系统(DAS)　连续监视机组的各种运行参数。对输入信息进行标度、调制、检验、线性补偿、滤波、数字化处理及工程单位转换;用表格、曲线、棒状图、趋势图和模拟图等形式进行显示,以指导操作;进行在线性能计算和经济分析;记录事件发生顺序,进行事故追忆;完整地打印输出。

(2) 模拟量控制系统(MCS)　能够满足机组启/停、定/滑压运行和快速减负荷(RUN BACK,RB)各种工况的要求,保证机组稳定运行,控制运行参数不超过允许值。模拟量控制系统(MCS)包括机炉协调控制子系统和模拟量控制子系统。协调控制子系统有以下的运行方式,控制方式的选择可通过 MCS 逻辑或键盘操作实现。

① 协调控制方式。根据中调负荷指令或运行人员负荷指令,协调锅炉和汽轮发电机组,进行负荷控制。

② 锅炉跟随方式。汽轮机故障,负荷指令跟踪实发功率,锅炉维持机前压力。

③ 汽轮机跟随方式。锅炉系统故障,负荷指令跟踪燃料量指令,汽轮机维持机前压力。

④ 手动控制方式。锅炉、汽轮机分别手动控制。

模拟量控制子系统主要包括如下模拟量控制回路:锅炉燃料量控制、送风量控制、炉膛压力控制,汽包水位控制,锅炉过热汽温度控制、再热汽温度控制,燃油压力/流量控制,锅炉一次风压控制,磨煤机一次风量控制、出口温度控制,空气预热器冷端温度控制,除氧器水位控制、压力控制,给水泵最小流量再循环控制,凝结水箱水位控制,汽轮机背压控制,空冷凝汽器出口凝结水量控制,低压加热器、高压加热器水位控制,汽轮机轴封压力控制,汽轮机低压缸轴封温度控制,发电机定子冷却水温度控制,辅助蒸汽联箱压力控制,连续排污扩容器水位控制,其它简单回路控制。

(3) 旁路控制系统(BPS)　BPS 根据机组冷、热不同的状态,自动或手动控制高、低压旁路进口压力或出口蒸汽温度,使机组迅速、安全启动。当发生凝汽器真空低、温度高、减温水压力低等非正常情况时,禁开或快关低压旁路。

(4) 顺序控制系统(SCS)　SCS 按功能组级、功能子组、驱动设备三级设计,并能给予步序的操作指导。运行人员可按照功能组启停,也可以对单台设备进行操作,且具有不同层次的操作许可条件,以防止误操作。

根据机组运行特性及附属设备的运行要求,组成以下不同的顺序控制系统功能组:锅炉空气系统顺序控制功能组,锅炉烟气系统顺序控制功能组,锅炉疏水放气系统,电动给水泵系统,高压加热器系统,低压加热器系统,凝结水系统,吹灰器系统,开、闭冷却水系统,辅机冷却水及加药系统,空冷凝汽器控制系统,汽轮机汽封疏水,汽轮机主汽和再热汽系统,汽轮机疏水放气系统,汽轮机抽汽系统,低压缸喷水系统,辅助蒸汽系统,发电机冷却水系统,锅炉定排系统,旁路系统,汽轮机润滑油系统,发电机及变压器组,厂用电系统,其它系统。

厂用电系统 10 kV 开关柜及 400 V PC 柜与 DCS 采用硬接线方式连接,信号包括启停指令、跳闸指令、运行状态、跳闸状态、M/A 状态、故障状态、电源消失、电流信号等。厂用电系统开关的控制与 DCS 的接口同样为硬接线方式。

(5) 炉膛安全监控系统(FSSS)　其完成如下功能:炉膛吹扫,燃油系统吹扫,燃油系统泄漏试验,点火器控制,磨煤机/给煤机控制,点火油/助燃油系统控制,火焰监视及炉膛灭火保护,火检冷却风机、密封风机控制,主燃料跳闸(MFT)。

当发生下列条件之一时,锅炉主燃料跳闸:两台引风机全停,两台送风机全停,两台一次风机全停与有任意煤层运行且无油层运行,风量小于最小设定值,过热器出口压力高,汽包水位高Ⅲ值,汽包水位低Ⅲ值,炉膛压力高高(三取二),炉膛压力低低(三取二),炉膛火焰消失,燃料消失,FSSS 电源消失,火检冷却风与炉膛差压低(三取二),手动 MFT(双按钮),汽轮机跳闸。

3. 汽轮机数字电液控制系统(DEH)

(1) 基本控制功能　包括转速控制、负荷控制、阀门管理和阀门试验。

转速控制实现汽轮机采用与其热状态、进汽条件和允许的汽轮机寿命消耗相适应的最大升速率,自动地实现将汽轮机从盘车转速逐渐提升到额定转速的控制,它与汽轮机及其旁路系统的设计相配合,适应汽轮机带旁路通过中压缸启动的升速方式，并根据不同状态下的启动升速要求，实现高压主汽门、高压调节门和中压调节门三阀门之间在各个升速阶段的自动切换。升速过程中的升速率既能由DEH系统根据汽轮机的热状态自动选择，也可由人工进行选择。

负荷控制在汽轮发电机并入电网后实现汽轮发电机从带初始负荷到带满负荷的自动控制，并根据电网要求，参与一次调频和二次调频任务。机组变负荷率可以由运行人员设定，也可由DEH系统根据热应力计算系统自动限制变负荷率的大小，并具有负荷限制功能。

DEH系统中设置有主汽压力控制回路。主汽压力控制回路完成机组协调控制和汽轮机跟随方式下的主汽压控制。

汽轮机具有不同运行工况下的全周进汽和部分进汽两种进汽方式，DEH系统设置有对应于这两种进汽方式的调节汽阀阀门管理（选择和切换）功能，并防止在切换过程产生过大的扰动。为保证发生事故时阀门能可靠关闭，DEH系统具备对高、中压主汽门及调节门逐个进行在线试验的能力。

（2）监视功能　　在汽轮机的启动、运行、停机全过程中，连续采集和处理所有与汽轮机组的控制和保护系统有关的测量信号及设备状态信号。并将信息用字符和图像信息等综合显示在操作员站CRT上，以反映机组当前的状态和故障信息。机组运行人员通过CRT/键盘实现对机组运行过程的监视和操作。通过程序指令或操作人员指令控制，系统数据库中所具有的所有过程点均可制表记录。

在CRT上用图像和文字显示出机组正常启动、停运及事故跳闸工况下的操作指导，包括提供当前的过程变量值和设备状态，目标值，不能超越的限值，异常情况，运行人员应进行的操作步骤，对故障情况的分析和应采用的对策等。

（3）保护功能　　汽轮机的超速保护分为：超速保护控制（OPC）和超速跳闸保护（Overspeed Protection Trip，OPT）

超速保护控制（OPC）是一种抑制超速的控制功能，采用双位控制方式完成，即当汽轮机转速达到额定转速103％时，自动关闭高、中压调节门，当转速恢复正常时再开启这些汽门，如此反复，直至正常转速控制可以维持额定转速。

当汽轮机转速达到额定转速的110％时，系统应出现跳闸指令，关闭主汽门、高压和中压调节门，进行超速跳闸保护（OPT）。

该DEH系统还具备了汽轮机事故跳闸保护系统（ETS），热应力计算功能及以最少的人工干预，实现将汽轮机从盘车转速带到同步转速并网，直至带满负荷的能力的汽轮机自启动及负荷自动控制（ATC）功能。

4. 联锁保护系统

由DCS系统实现锅炉安全保护，主要是主燃料跳闸保护（MFT）。

汽轮机除事故跳闸保护外，还配备了采用BENTLY 3500系列产品的汽轮机本体安全监视系统(TSI)。监视项目包括振动、转速、差胀、偏心率、轴向位移、零转速等。

由 DCS 系统配合电气发变组保护系统实现发电机定子冷却水断流保护。发电机定子冷却水消失时,延时一段时间后跳发电机,关闭主汽门停机。

锅炉、汽轮机、发电机之间实现如下联锁保护:

(1) 炉跳机　锅炉 MFT 动作,送信号给汽轮机 ETS 系统,跳汽轮机;

(2) 电跳机　发变组保护动作,送信号给汽轮机 ETS 系统,跳汽轮机;

(3) 机跳炉　汽轮机跳闸时,送保护信号给 FSSS 跳闸继电器直接停炉;

(4) 机跳电　汽轮机跳闸时,送保护信号给发电机保护系统,待发电机逆功率保护动作后跳发电机。

在操作员台上设有规程规定的手动按钮跳闸回路,以备紧急事故情况下,直接停运锅炉和汽轮发电机。辅机保护均由 DCS 系统实现。如除氧器水位保护,高、低加水位保护,其它保护。

5. 辅助控制系统

本机组的锅炉吹灰控制系统在 DCS 中完成。空气预热器间隙调整控制系统采用可编程序控制器(PLC)实现,通过数据通信方式接入 DCS 系统。化学加药控制系统采用 PLC 实现,重要的监视与报警信号硬接线送入 DCS 系统。发电机励磁调压系统(AVR)、发电机自动同期系统(ASS)、厂用电快切装置等电气设备均为专用控制设备,重要的监视、报警及操作信号均采用硬接线与 DCS 系统交换信息。

6. 设备检测与故障诊断系统

为了加强对机组重要设备的故障分析和诊断能力,本系统配置了汽轮机振动检测和故障分析系统(两机合设一套)、锅炉炉管泄漏监测系统(两炉合设一套),分析结果和指导信息通过数据通信方式送入全厂信息系统。

7. 脱硫控制系统

脱硫过程的监视、控制和保护由分散控制系统(FGD – DCS)实现,辅以少量的其它控制系统和设备完成。两台机组设一套 FGD – DCS。

FGD – DCS 包括数据采集系统(DAS)、模拟量控制系统(MCS)、顺序控制系统(SCS),同时脱硫系统的电气部分(主要包括高低压厂用电、UPS、直流、保安电源等)纳入 FGD – DCS。

机组 DCS 与烟气脱硫系统之间采用硬接线接口进行连接。通过通信接口与全厂信息系统进行通信。

8. 辅助车间控制系统

发电机组辅助车间采用 PLC 实现控制功能,硬件全部采用美国罗克韦尔公司的 AB CONTROL LOGIX 系列产品,全厂各辅助车间 PLC 联网,在集中控制室进行集中控制。监测项目与控制系统配置见表 2.1。

表 2.1　辅助车间 PLC 控制系统配置一览

序号	项目	工艺系统范围	PLC 配置	I/O 点数	车间上位机	远程 I/O	常设值班员
1	化学水处理总站	1. 锅炉补给水处理系统 2. 超滤、反渗透	CPU 双机热备	1600	2		无
2	凝结水精处理站	1. 凝结水精处理系统 2. 汽水取样及化学加药	CPU 双机热备	970	1	有	无
3	综合水泵房	1. 综合水泵房 2. 净化站	CPU 双机热备	600	1	有	无
4	除灰渣系统	1. 飞灰输送系统 2. 除渣系统	CPU 双机热备	1100	1	有	无
5	污、废水处理系统	1. 化学废水处理系统 2. 工业废水处理系统 3. 废水储存槽 4. 生活污水处理系统	CPU 双机热备	720	1	有	无
6	煤水处理系统	煤水处理		150		有	有
7	燃油泵房	燃油泵房	CPU 双机热备	130	1		无
8	制氢站	制氢站	单 CPU	50	1		无
9	空调及采暖加热站	1. 空调系统 2. 采暖加热站	单 CPU	610		有	无
10	取水泵房	水源地取水系统	单 CPU		1		无
11	输煤系统	输煤系统	CPU 双机热备		2	有	有
12	电除尘器控制系统	电除尘器系统	单 CPU				无

9. 系统的外部接口

(1) 全厂信息系统的外部接口　作为全厂生产过程实时数据信息保存和处理的中心,全厂信息系统为全厂各相对独立的实时控制系统(如单元机组 DCS,辅助车间控制系统等)留有网络连接和数据通信的接口。全厂各生产过程的实时数据通过接口计算机或接口卡件传递到信息系统网络上,网络上设有值长站和其它工作站。这些站以客户机的形式访问实时信息数据库服务器,以过程数据为基础,利用相应的功能软件完成信息系统的功能。同时,全厂信息系统留有与电力调度自动化系统远动终端的连接接口,可将调度信息接收到全厂信息系统,作为数据累计和运行参考。

(2) DCS 的外部接口　凡 DAS 所需要的数据,而在其它系统中已设计了相应信息的 I/O,则可通过数据通信解决,不再重复设置 I/O。各系统间重要信号采用硬接线连接。远程 I/O 设备通过通信与 DCS 控制系统构成一体。同时单元机组 DCS 设有与电力调度自动化系统远动终端的自动发电控制(AGC)的硬接线接口，即单元机组可以接受电力调度系统的直接调度。

习题与思考题

2.1　典型的分布式控制系统由哪几层组成,它们的主要功能是什么?

2.2　分布式控制系统可以做到哪些冗余方式?

2.3　分布式控制系统一般具有哪些通信方式?

2.4　与传统 DCS 相比,当今的 DCS 有哪些主要特点?

2.5　什么是现场总线技术? 有哪些流行的现场总线技术?

2.6　现场总线技术的特点有哪些?

2.7　请阐述 DCS 和 FCS 的区别和联系。

2.8　SIS 系统的主要功能是什么?

2.9　说明现代大型火电机组的热工控制范围。

2.10　单元机组的模拟量控制系统(MCS)主要有哪些?

2.11　炉膛安全监控系统(FSSS)的主要功能是什么?

2.12　汽轮机数字电液控制系统(DEH)的基本控制功能是哪些?

2.13　单元机组的主机保护有哪些项?

2.14　为什么辅助车间多用 PLC 完成控制任务?

第3章 单元机组协调控制系统

母管制发电厂热力系统中,锅炉产生的蒸汽都输送到蒸汽母管,各汽轮机根据本机所承担负荷的大小从蒸汽母管取用蒸汽,锅炉和汽轮机无一一对应关系。当一台汽轮机的负荷变化时,则由联接到蒸汽母管上的各台锅炉共同承担负荷的改变量,即负荷的变化对每一台锅炉的影响比较小,所以母管制运行中汽轮机和锅炉的负荷控制基本上是相互独立的。汽轮机按负荷要求控制调节阀,而锅炉则是把母管压力保证在一定的范围内。

火电机组向大容量、高参数发展,尤其是中间再热系统的应用,已无法或难以组建母管制运行方式,只能组成一台锅炉配套一台汽轮机的单元制运行方式。单元制运行方式简化了热力系统,节省投资,提高了机组运行的经济性。单元机组的汽轮机和锅炉作为一个不可分割的整体共同适应负荷要求,共同稳定机前压力,这项工作主要由单元机组协调控制系统(CCS)完成。

3.1 单元机组协调控制系统的任务和特点

3.1.1 协调控制系统的任务

协调控制系统为单元机组的安全、稳定、经济运行提供了可靠的保证。电网要求发电机组既能快速响应负荷变化,又能承担较大的负荷变化率,而且机组的主要运行参数如主汽压力、汽包水位、主汽温度等在机组负荷变化过程中保持相对稳定,以保证机组在整个负荷变化范围内有较高的稳定性、安全性和经济性。然而单元机组本身是一个复杂的多输入多输出过程,当一个参数变化时,会引起多个参数的变化,如机组负荷的变化就会引起主汽压力、主汽温度、汽包水位等参数变化,甚至可能发生较大波动。在机组响应电网负荷变化要求时,只有对机炉进行协调控制,充分利用前馈、反馈、串级控制等控制技术,才能保证机组迅速满足电网负荷变化的要求,维持机组参数的稳定,确保机组的安全运行。协调控制系统不仅能实现机组正常运行时,机、炉和辅机的协调工作,而且在机组发生故障时,能与机组保护系统配合,自动地进行事故处理,如负荷返回(RUNBACK,RB)、负荷闭锁增

(BLOCK INC,BI) /闭锁减(BLOCK DEC,BD)、负荷迫降(RUNDOWN，RD)，并进行各个子控制系统之间的切换，避免发生一些人为误操作。综上所述，协调控制系统主要实现了以下三方面的任务。

　　① 接受电网调度的负荷指令和运行人员负荷指令，接受电网频率偏差信号，使机组具有一定的调峰、调频能力，尽快满足电网负荷的需求。

　　② 协调锅炉、汽轮机之间的能量供求关系，使输入机组的能量尽快与机组的功率相适应，维持主蒸汽压力的稳定。

　　③ 协调机组各控制子系统，维持机组主要参数在允许范围内，保证机组安全、经济运行。

3.1.2　单元机组控制对象的特点

　　从自动控制的角度看，组成单元机组的锅炉和汽轮机控制对象具有如下两个最重要的特点。

　　第一，单元机组是一个典型的多输入、多输出、相互耦合的复杂被控对象。可用如图 3.1 所示的方框图表示。其中汽轮机调节阀开度 u_t、燃烧率(燃料经燃烧而产生的有效热量)u_b 为输入量。机组功率 N_e、主蒸汽压力 P_t 为输出量。调节阀开度、燃烧率对机组功率和主蒸汽压力都有影响，它们之间的关系可用如下的传递矩阵表示

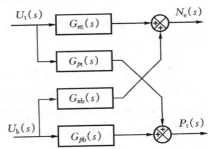

图 3.1　单元机组被控对象原理图

$$\begin{bmatrix} N_e(s) \\ P_t(s) \end{bmatrix} = \begin{bmatrix} G_{nt}(s) & G_{nb}(s) \\ G_{pt}(s) & G_{pb}(s) \end{bmatrix} \begin{bmatrix} U_t(s) \\ U_b(s) \end{bmatrix} \tag{3.1}$$

式中：$U_t(s)$ 为调节阀开度的拉氏变换；$U_b(s)$ 为燃烧率的拉氏变换；$N_e(s)$ 为机组功率的拉氏变换；$P_t(s)$ 为主蒸汽压力的拉氏变换；$G_{nt}(s)$ 为调节阀开度对机组功率的传递函数；$G_{nb}(s)$ 为燃烧率对机组功率的传递函数；$G_{pt}(s)$ 为调节阀开度对主蒸汽压力的传递函数；$G_{pb}(s)$ 为燃烧率对主蒸汽压力的传递函数。

　　第二，负荷变化过程中，锅炉具有迟延和较大的惯性，而汽轮发电机的惯性较小。即从燃烧率改变到汽压(蒸汽量)变化有较大的滞后和时间常数，而汽压(蒸汽量)变化到机组功率的变化速度较快。为了提高单元机组的负荷响应速度，在负荷变化的初始时间内，都充分利用锅炉的蓄热能力及时释放或储存热量，达到临时多产或少产蒸汽量，以及时满足外界负荷需求。相对而言随着单元机组容量的增大，锅炉的蓄热量变小，单元机组的负荷适应速度与保持主汽压不变的矛盾越来越突

出。

从电网运行的经济性方面考虑,发电机组分为带基本负荷机组和承担调频、调负荷机组两类。随着国民经济的发展和人民生活水平的提高,电能消费结构发生变化,电能消费的峰谷幅度也逐步加大,这对电网提出了更高的要求。同时我国电力生产中火电占有相当大的比例,大容量的火电机组是电力生产的主流,这就要求大型的火电机组必须具有很强的带变动负荷的能力,参与电网的负荷控制。即使是承担基本负荷的单元机组,也要求具有参加电网一次调频的能力,从而使电网在二次调频之前减少电网频率变化的幅度。

为了提高电网的自动化水平,保证高质量的电力供应,要求电网自动化调度系统(Automatic Dispatch System,ADS)发出的负荷分配指令和电网频差信号直接参与发电机组的控制,因此也要求单元机组的负荷控制具有更高的自动化水平。

3.1.3　单元机组控制对象动态特性

分析和试验证明,锅炉燃烧率和汽轮机调节阀开度扰动下,单元机组功率和主汽压控制对象具有以下特性。

1. 燃烧率扰动下的动态特性

在保持汽轮机调节阀开度不变和保持汽轮机进汽量不变的情况下,当燃烧率扰动时,机组功率和主汽压控制对象的动态特性具有两种完全不同的特性。

当汽轮机调节阀开度保持不变,燃烧率增加(减少)时,锅炉蒸发受热面的吸热量增加(减少),主汽压经一定延迟后逐渐升高(降低)。虽然调节阀开度不变,但进入汽轮机的蒸汽流量增加(减少)。蒸汽流量的增加(减少),限制了主汽压的无限升高(降低),蒸汽流量增加(减少)的同时,机组功率也随着增加(减少)。最终当蒸汽流量与燃烧率达到新的平衡,主汽压稳定在一个较高(较低)的数值上,机组功率也稳定在一个较高(较低)的数值上,呈有自平衡能力特性。在图 3.1 和式(3.1)中,燃烧率对主蒸汽压力的传递函数 $G_{pb}(s)$,燃烧率对机组功率的传递函数 $G_{nb}(s)$具有下面的形式

$$G_{pb}(s) = \frac{P_t(s)}{U_b(s)} = \frac{K_1}{1+T_1 s} e^{-\tau_1 s} \tag{3.2}$$

$$G_{nb}(s) = \frac{N_e(s)}{U_b(s)} = \frac{K_2}{1+T_2 s} e^{-\tau_2 s} \tag{3.3}$$

当汽轮机进汽量保持不变时,燃烧率增加(减少)后,经一定延迟后汽压逐渐升高(降低)。因为燃烧率增加(减少),会产生更多(较少)的蒸汽量,但汽轮机进汽量不变(不断改变汽轮机调节阀开度实现),汽轮机消耗的能量小于(大于)燃烧提供的热量,能量供大(小)于求,所以主蒸汽压力经一定的迟延后将等速度上升(下

降),呈无自平衡能力特性。

2. 汽轮机调节阀扰动下的动态特性

当锅炉燃烧率不变,汽轮机调节阀阶跃开大(关小)时,进入汽轮机的蒸汽流量立刻增加(减少)一定的幅值,同时主汽压也随之下降(升高)一定的幅值。主汽压下降(升高)幅值与调节阀或流量的增加(减少)量成正比(也与锅炉的蓄热能力有关)。由于燃烧率不变,锅炉的蒸发量也不变,蒸汽流量的暂时增加(减少)只是靠汽压下降(升高)而改变锅炉的蓄热,因此机组功率随蒸汽的增加(减少)也暂时增加(减少)。最终蒸汽流量恢复到燃烧率相应的数值上,主汽压力也逐渐趋于一个较低(较高)的稳定值,机组功率也随蒸汽流量恢复到扰动前的数值。对于中间再热机组,机组功率对蒸汽流量扰动的响应比无中间再热机组的响应要缓慢一些。中间再热机组蒸汽流量对功率的传递函数可写成

$$G(s) = \frac{N_e(s)}{D(s)} = K\frac{\alpha T_r s + 1}{T_r + 1}\frac{1}{1 + T_a s} \tag{3.4}$$

式中:α 为汽轮机高压缸功率在总功率中的比例,一般为 $1/3\sim1/4$;T_r 为中间再热器的时间常数,大约 20 s 左右;T_a 为汽轮机时间常数,大约 10 s 左右。

汽轮机调节阀对主蒸汽压力的传递函数 $G_{pt}(s)$ 的形式可写成

$$G_{pt}(s) = \frac{P_t(s)}{U_t(s)} = -\left(K_1 + \frac{K_2}{1 + Ts}\right) \tag{3.5}$$

3.2　负荷控制

在机组负荷控制中,机组功率与电网负荷需求是否一致,反映了机组与外界负荷之间的能量供求平衡关系;主蒸汽压力是否稳定及与给定值的偏差,反映了机组的锅炉与汽轮发电机之间的能量供求平衡关系。根据单元机组负荷控制的任务,可以设计负荷控制系统,使单元机组的锅炉、汽轮机两个主要设备的一个主要承担及时响应负荷要求的任务,另一个主要承担稳定主汽压力的任务;也可以使锅炉和汽轮机共同承担满足负荷需求和稳定主汽压的任务。这就形成三种基本的单元机组负荷控制方式。

3.2.1　锅炉跟随的负荷控制

图 3.2(a)是锅炉跟随(Boiler Follow,BF)控制方式的原理图,图 3.2(b)是其方框图。当机组负荷要求 N_0 改变时,汽轮机主控制器 G_{ct} 使汽轮机调节阀动作,以改变汽轮机的进汽量,使发电机的功率 N_e 及时与负荷要求相适应。当汽轮机调节阀开度变化时,引起主蒸汽压力 P_t 改变,这时锅炉主控制器 G_{cb} 改变进入锅炉

的燃烧率、给水量,使主蒸汽压力 P_t 回复到给定值。

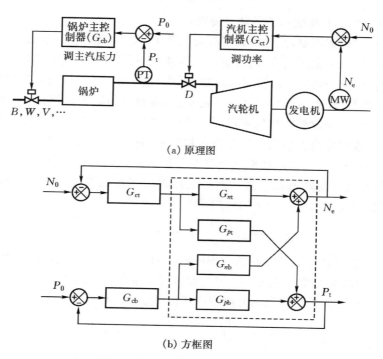

(a) 原理图

(b) 方框图

图 3.2　锅炉跟随控制方式原理图

　　该负荷控制方式中,机、炉有明确的任务分工:汽轮机调整机组负荷,锅炉调整主汽压力。这种汽轮机调整负荷、锅炉调整主汽压力的负荷控制方式称为锅炉跟随负荷控制方式。

　　在锅炉跟随控制方式下,汽轮机承担负荷控制的任务,通过改变汽轮机调节阀的开度来改变机组功率。由于汽轮机惯性较小,因而负荷响应速度快。机组负荷的变化必然引起主汽压的变化,锅炉主控制器根据主汽压的变化改变燃烧率、给水量等。由于锅炉惯性较大,锅炉能量的供给滞后于汽轮机的能量需求,因而造成较大的主汽压变化。大型单元机组锅炉的蓄热能力相对较小,对于较小的负荷变化,在汽压允许的变化范围内,充分利用锅炉的蓄热以迅速适应负荷是可能的,对电网的频率控制也是有利的。但是在负荷要求变化较大时,汽压变化太大,会影响机组的正常运行,甚至影响锅炉的安全运行。当单元机组中的锅炉运行正常,而汽轮机出力受到限制时,可采用这种控制方式。

3.2.2　汽轮机跟随的负荷控制方式

汽轮机跟随(Turbine Follow，TF)的控制方式如图 3.3 所示。当外界负荷变化时,给定功率信号 N_0 变化,锅炉主控制器改变锅炉的燃烧率、给水量,随着燃烧率和给水量的变化,主汽压 P_t 变化,当主汽压发生变化时,汽轮机主控制器调整汽轮机调节阀,使汽轮机进汽量发生变化,从而改变机组功率 N_e,使机组功率 N_e 与给定功率 N_0 逐步一致。这种锅炉调整负荷、汽轮机调整主汽压力的负荷控制方式称为汽轮机跟随负荷控制方式。

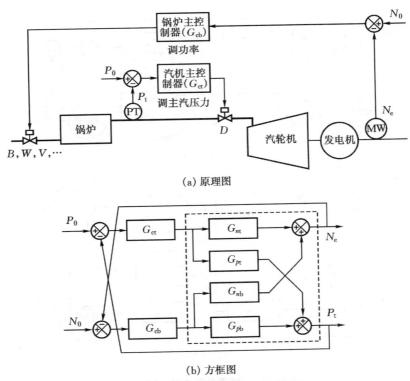

图 3.3　汽轮机跟随控制方式原理图

这种系统锅炉承担负荷调整任务,而汽轮机调整机组主蒸汽压力,其特点是负荷响应慢,但压力波动小,有利于机组稳定运行。较适用于带基本负荷的机组,或者当机组刚投入运行时,采用这种控制系统保持机组有较稳定的主汽压,为机组稳定运行创造条件。当单元机组的汽轮机运行正常,而锅炉出力受到限制时,也可采用这种控制方式。

3.2.3　协调控制方式

上述两种控制方式中,由于机、炉分别承担负荷控制和压力控制的任务,因而没有很好地协调负荷响应的快速性和机组运行的稳定性之间的矛盾。协调控制系统为解决这一矛盾提供了方案,即将锅炉、汽轮机视为一个整体,把上述两种负荷控制方式结合起来,取长补短,使机组功率能迅速响应给定功率变化的同时,又能保持锅炉产生的蒸汽与流入汽轮机的蒸汽及时平衡,维持主汽压力基本稳定,如图3.4 所示。

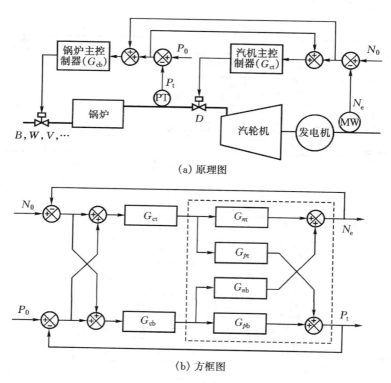

图 3.4　协调控制方式原理图

功率偏差(N_0-N_e)和汽压偏差(P_0-P_t)信号同时送入汽轮机主控制器和锅炉主控制器,在稳定工况下,功率 N_e 等于功率给定值 N_0,机前压力 P_t 等于压力给定值 P_0。当要求增加负荷时,将出现一个正的功率偏差信号(N_0-N_e),此信号通过汽轮机主控制器开大调节阀,增加功率,同时该信号也作用到锅炉主控制器,使燃烧率、给水量增加,以增加蒸汽量。即锅炉和汽轮机都参与负荷和主蒸汽压力的调整。

汽轮机负荷响应快、锅炉负荷响应慢的特性,对机组内、外两个能量供求平衡关系影响很大。同时锅炉、汽轮机同处一个热力系统,它们的特性相互关联。锅炉跟随和汽轮机跟随控制方式没有充分考虑这些因素。协调控制可以充分考虑机、炉负荷响应速度的差异和机组内部关联的特点,较好地解决被控参数间的矛盾,因而主汽压波动不太大,负荷响应较快,控制效果较为满意。

3.3　协调控制系统的组成

图 3.5 是单元机组自动控制系统的组成原理图,控制系统主要由三大部分组成。

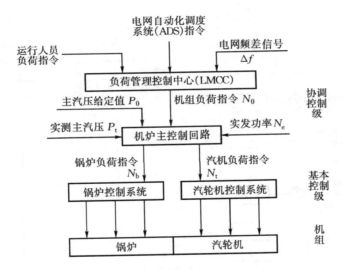

图 3.5　单元机组协调控制系统原理图

第一部分是负荷管理控制中心(Load Management Control Center,LMCC),也称为协调控制系统的主控制回路,是单元机组协调控制的前置系统,也是指挥中心。LMCC 选择负荷指令,结合机组主辅机运行状态,最大限度地满足电网对负荷的需求,产生适合锅炉、汽轮机相互配合、协调运行的机组负荷指令给定信号 N_0,送入机、炉主控制回路。

第二部分是机炉主控制回路,也称为协调控制回路。它的作用是根据机组负荷指令信号 N_0 以及实测电功率 N_e、主汽压给定值 P_0 和实测主汽压 P_t,选择适当的负荷控制方式,分别产生锅炉负荷指令 N_b 和汽轮机负荷指令 N_t。

第三部分是与锅炉、汽轮机相关的子控制系统。这些系统主要包括锅炉启停控制、汽轮机启停控制、锅炉燃烧控制、给水控制、主汽温和再热汽温控制、汽轮机功频控制、辅助设备控制等子系统。在后续章节中，将对这些子系统中的主要系统进行介绍。

3.3.1　负荷管理控制中心

负荷管理控制中心的主要功能是对负荷指令进行处理和对机组运行方式进行管理和切换。图 3.6 是负荷管理控制中心的工作原理图。

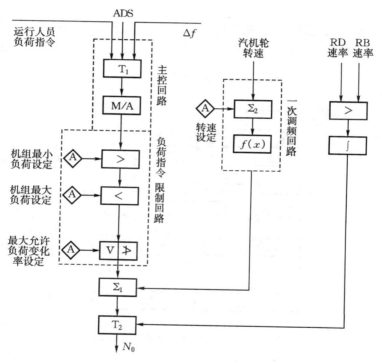

图 3.6　负荷管理控制中心工作原理图

图 3.6 所示的负荷管理控制中心由主控回路、负荷指令限制回路、负荷指令校正组成。主控回路包括选择器 T_1 和手动/自动控制站，主要功能是对各种负荷指令进行选择。负荷指令限制回路根据机组的状况限制初步形成的负荷指令信号，确保机组在允许的负荷范围内工作。系统以汽轮机实测转速与汽轮机设定转速（3 000 r/min）的差值代表电网频差信号并通过 $f(x)$ 与负荷指令迭加，用于校正负荷指令。当机组主要辅机故障，发出 RB 指令，或者当主要过程参数与设定值的偏差超范围，发出 RD 指令时，控制系统根据设定的减负荷速率改变负荷指令 N_0。

1. 负荷指令的处理

单元机组的负荷管理控制中心，主要完成以下几个方面的负荷指令处理。

（1）外部负荷指令的选择　　外部负荷指令是指电网自动化调度系统对机组分配的负荷指令（ADS），电网频率偏差对机组要求的负荷修正指令 Δf，运行人员对机组设定的负荷指令。负荷管理控制中心将根据机组实际状态，选择其中的一种或两种负荷指令，作为机组的目标负荷指令。

（2）机组允许负荷的设定　　根据机组运行情况、辅助设备的投入情况等，设定机组的最大/最小负荷限制，使机组在允许的范围内工作。例如，磨煤机、给水泵、送风机、引风机等主要辅机出现故障时，对机组出力进行限制。

（3）限制负荷变化的速率　　当负荷变化太快时，可能会影响机组设备的安全或引起机组故障，所以在不同运行情况下还必须对负荷变化的速率加以限制。

（4）机组内部指令的处理　　当机组设备或控制系统出现异常或故障时，虽然机组有外部负荷需求，为了保证机组的安全运行，必须对机组的负荷采取相应的措施，即对负荷指令加以修正。机组内部自身产生的指令称为内部指令。机组重要的内部指令有以下几种。

①辅机故障负荷返回（RB）指令。当机组发生主要辅机故障跳闸，使机组的最大出力低于要求负荷时，控制系统将机组负荷快速降低到实际所能达到的相应负荷，并能控制机组的主要参数在允许范围内继续运行。

②机组负荷闭锁增（BI）/闭锁减（BD）指令。当机组运行在协调方式，升降负荷时，如果出现主汽压、功率、给水流量、总风量及炉膛压力等主要过程参数和其设定值的偏差大于或小于一定值时，或给水泵、送风机、引风机的控制指令已达极限或手动时，令机组负荷指令闭锁增或闭锁减。

③机组负荷迫降（RD）指令。当机组在协调控制方式下升负荷时，如果出现某种主要过程参数和其设定值的偏差大于或小于一定值，且相应的控制执行机构均已无调整余地，则强制机组负荷指令向相反方向动作，尽量消除上述偏差。

④机组负荷迫升（RUNUP，RU）指令。当机组在协调控制方式下降负荷时，如果出现某种主要过程参数和其设定值的偏差大于或小于一定值，且相应的控制执行机构均已无调整余地，则强制机组负荷指令向相反方向动作，尽量消除上述偏差。

2. 机组的运行方式管理

3.2 节介绍的协调控制方式、汽轮机跟随的负荷控制方式和锅炉跟随的负荷控制方式是机组的高级运行方式，这种方式要求机组主、辅机必须正常。当机组不能满足协调运行条件时，必须采用其它运行方式。负荷管理控制中心必须能对机组的多种运行方式进行管理和控制。负荷管理控制中心除了能使机组运行在协调方式,也可以根据机组主要设备的完好程度使机组运行在以下几种方式,并对机组的运行方式进行选择和切换。

（1）汽轮机跟随机组功率不加调整的方式　当汽轮机运行正常而锅炉部分设备工作异常时,机组的功率就会受到限制,这时采用汽轮机跟随而机组功率不加调整的方式。在这种方式中,机组维持功率而不接受任何外部的负荷要求指令。控制目的主要是维持锅炉的继续运行,以便排除锅炉设备的故障。

（2）锅炉跟随机组功率不加调整的方式　当锅炉运行正常而汽轮机辅机异常,机组功率受到限制时采用这种方式运行。这时控制的主要目的是维持汽轮机的运行,机组的功率维持不变,不接受任何外部负荷指令信号,等待消除故障。

（3）基本控制方式　基本控制方式时,系统处于"手动"状态,运行人员对锅炉和汽轮机进行手动操作。这种情况下,负荷指令跟踪机组的实发功率,为自动投入作好准备。

3.3.2　机炉主控制回路

机炉主控制回路的主要功能是协调锅炉和汽轮机的运行,对机组负荷和主汽压进行综合控制。由于锅炉、汽轮机在动态特性方面存在较大差异,因此机组在负荷的适应性和运行的稳定性方面存在矛盾。协调控制的指导思想就是合理利用蓄热对输入能量进行动态补偿,大型机组普遍加入了前馈控制信号,以求加快机组负荷的动态响应,尽量减小机炉间的能量失衡。

以锅炉跟随为基础或以汽轮机跟随为基础,引入前馈信号,可以形成两种基本的协调控制方式。图 3.7 是以锅炉跟随为基础的机炉主控回路原理图,汽轮机控制机组功率,锅炉控制主汽压。把主汽压偏差信号作为前馈信号引入汽轮机主控制器,使汽轮机在控制汽压的同时参与功率的控制,合理利用蓄能,加快负荷响应。图中 N_e 为机组功率, P_t 为主蒸汽压力, N_0 为功率指令, P_0 为主汽压设定, N_t 为汽轮机主控信号,也称汽轮机负荷指令, N_b 为锅炉主控信号,也称

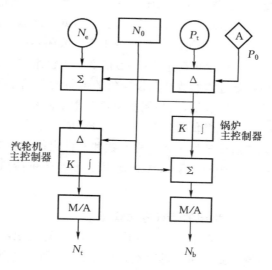

图 3.7　锅炉跟随为基础的机炉主控回路原理图

锅炉负荷指令。

　　图 3.8 是以汽轮机跟随为基础的机炉主控制回路原理图,锅炉控制机组功率,汽轮机控制主汽压。将功率偏差信号引入汽轮机主控制器,将主汽压力的变化率信号引入锅炉主控制器。功率偏差、主汽压力变化率信号的引入,使锅炉在控制功率的同时兼顾主汽压的控制,汽轮机在控制汽压的同时考虑到机组功率的变化,充分利用蓄热,使机组负荷、主汽压的响应速度、稳定性和机组的安全性都得以考虑。

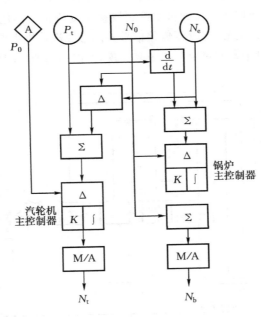

图 3.8　汽轮机跟随为基础的机炉主控回路原理

3.4　能量平衡原理

　　协调控制系统的任务是维持锅炉和汽轮机之间的能量平衡关系,共同满足外界负荷的需求。为了改善机组响应负荷的性能,在反馈回路的基础上,增设了前馈回路,使锅炉和汽轮机之间的能量平衡关系刚刚被打破或者将要被打破的时刻,根据锅炉和汽轮机的各自特性采用前馈信号给予及时调整,把能量的不平衡限制在较小的范围之内。下面介绍两种从能量平衡关系划分,应用比较普遍的协调控制方案。

3.4.1　能量间接平衡协调控制系统

若把功率偏差信号和主汽压偏差信号同时引入锅炉和汽轮机主控制器,使二者都承担功率和主汽压的控制方案,是一种综合协调方式。从能量平衡的观点看,协调方式合理地协调锅炉和汽轮机间的能量关系。若以负荷管理控制中心的负荷指令来平衡机炉间的关系,可以构成图 3.9 所示的方案。锅炉主控器对指令信号进行比例微分运算,以加速负荷响应,同时主汽压偏差也引入锅炉主控制器,对锅炉主控信号进行主汽压修正。汽轮机主控制器接受负荷指令的比例微分信号,形成与机组实发功率的偏差信号,与汽压偏差信号共同形成汽轮机主控制器的输出,由于锅炉、汽轮机间的能量平衡通过负荷指令来实现,所以称为能量间接平衡方案。

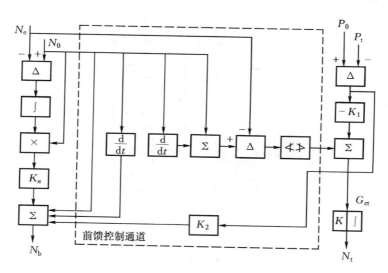

图 3.9　能量间接平衡的协调控制原理图

这种协调控制系统的反馈控制原理属于以汽轮机跟随为基础的协调控制系统,因此汽轮机控制器 G_{ct} 的首要任务是维持机前压力 P_t 等于给定值 P_0。在负荷变化过程中,用功率偏差信号修正机前压力的给定值,以充分利用锅炉的蓄热。

由图 3.9 可以看出,当信号 $(N_0 + sN_0 - N_e)$ 的变化幅度不超过双向限幅器的限值时,汽轮机控制器的输入信号为

$$e_t = -K_1(P_0 - P_t) + (N_0 + sN_0 - N_e) \tag{3.6}$$

在稳态时,$e_t = 0$;且机组功率 N_e 等于功率指令 N_0;功率指令 N_0 不变化,即其微分信号 sN_0 等于零。所以

$$P_t = P_0 \tag{3.7}$$

可见,汽轮机主控回路实际上是一个汽压控制系统。稳态时保证机前压力等于给定值。

从式(3.6)可见,如果负荷指令增加(或减少)时,动态过程中由于$(N_0 + sN_0 - N_e)$大于零(或小于零),也就是在动态过程中相当于机前压力给定值减少(或增大)$\dfrac{1}{K_1}$ $(N_0 + sN_0 - N_e)$,或者说动态过程中,允许机前压力低于(或者高于)给定值。及时将调节阀开大(或关小),增加(或减少)机组功率,快速适应负荷要求。改变比例系数 K_1 可调整功率偏差信号对机前压力给定值修正作用的大小。图中的双向限幅器用于限制功率偏差信号的最大值。也即限制机前压力给定值的变化范围,以使机前压力的变化不超过允许范围。

由图 3.9 可知,送入锅炉控制系统的锅炉负荷指令信号为

$$N_b = N_0 + sN_0 + K_2(P_0 - P_t) + K_n N_0 \frac{1}{s}(N_0 - N_e) \tag{3.8}$$

在式(3.8)中,sN_0 作为前馈信号在动态过程起加强锅炉负荷指令信号的作用,以补偿机炉之间对负荷响应速度的差异。$(P_0 - P_t)$ 在动态过程中修正锅炉负荷指令信号,修正信号的强弱通过 K_2 调整。机前压力的偏差实质上反映了使机前压力恢复到给定值时锅炉的蓄热变化量所需要的燃料量。式(3.8)的最后一项为功率偏差的积分校正,用来校正锅炉负荷指令,以保证稳态时机组的功率偏差和机前压力偏差都为零。该校正是通过锅炉和汽轮机两个控制回路完成的。当功率偏差存在时,积分环节的输出不断变化,锅炉负荷指令信号也不断变化,使提供给锅炉的热量变化,进而使机前压力发生变化,汽轮机控制系统调整调节阀开度,直到功率偏差和机前压力偏差消失为止。这时,锅炉负荷指令信号稳定下来。

稳态时,锅炉负荷指令信号 N_b 有两部分:负荷指令 N_0 和功率偏差的积分项。由于负荷指令信号的存在,锅炉负荷指令基本上与负荷要求相适用,而功率偏差积分的校正作用用以补偿变负荷过程中锅炉蓄热量的变化。锅炉蓄热量的变化不仅仅是功率偏差的函数,也是机组功率的函数,即机组功率改变相同的数值,高负荷时锅炉蓄热量的变化要大于低负荷时的蓄热量。因此对锅炉的锅炉负荷指令,功率偏差积分项乘以功率 N_0,使积分速度随负荷而变化。

3.4.2　能量直接平衡协调控制系统

能量直接平衡协调控制系统采用能量平衡信号作为锅炉主控回路的前馈信号。根据汽轮机原理,汽轮机速度级压力 P_1 代表了进入汽轮机的蒸汽流量,蒸汽流量与其携带的热量具有准确的关系,所以 P_1 也就代表了进入汽轮机的能量。速度级压力 P_1 与机前压力 P_t 之比 P_1/P_t 正比于汽轮机调节阀开度。对于定压

运行机组,P_1/P_t 就代表了汽轮机的能量需求。当锅炉的内扰使燃烧率变化或汽轮机内扰使调节阀开度变化时,机前压力 P_t 和速度级压力 P_1 同时变化,但 P_1/P_t 近似不变。

　　图 3.10 是采用 P_1/P_t 作能量直接平衡信号的协调控制方式的原理图。由于 P_1/P_t 反映了汽轮机对锅炉的能量要求,所以是锅炉汽轮机间的一个能量直接平衡信号,这种控制方式称为能量直接平衡的协调控制方式。P_1 对锅炉的燃烧率扰动,对汽轮机调节阀的扰动,其响应都比较快,因而能量信号直接平衡的协调控制系统,无论在快速响应负荷要求还是克服扰动方面,都比能量间接平衡协调控制方案有较大的优势,是一种应用比较广泛的协调控制方案。从图 3.10 可以得到锅炉负荷指令为

$$N_b = K_1 \frac{1}{s}(P_0 - P_t) + (1 + \frac{P_1}{P_t}s)\frac{P_1}{P_t} \qquad (3.9)$$

式中:P_1 为汽轮机速度级压力;P_t 为主蒸汽压力;P_1/P_t 与汽轮机调节阀的开度成正比,代表汽轮机的能量需求。

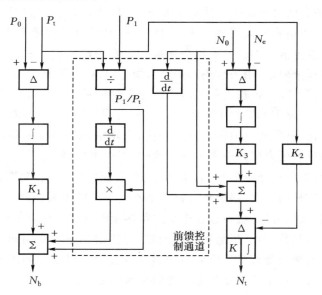

图 3.10　能量直接平衡协调控制系统原理图

　　从图 3.10 或式(3.9)可以看出,锅炉负荷指令 N_b 形成的前馈信号是能量平衡信号 P_1/P_t,其 P_1/P_t 的微分项在动态过程中加强锅炉负荷指令,补偿机炉之间对负荷响应的差异。由于要求动态补偿的能量不仅与负荷变化量成正比,而且还与负荷水平成正比,所以微分项要乘以 P_1/P_t。机前压力偏差积分项保证了稳态

时能消除机前压力偏差。

　　需要强调:能量平衡信号 P_1/P_t 与负荷指令信号 N_0 的性质不同。能量平衡信号反映了汽轮机对锅炉的能量要求,而负荷指令信号反映的是电网对机组的负荷要求,因此采用能量平衡信号,就为在动态过程协调锅炉和汽轮机两大设备的工作提供了一个比较直接的能量平衡信号。

　　能量直接平衡协调控制系统的汽轮机主控制器输入信号为

$$e_t = K_3 \frac{1}{s}(N_0 - N_e) + (1+s)N_0 - K_2 P_1 \tag{3.10}$$

　　式(3.10)中,负荷指令 N_0 是前馈信号。当 N_0 发生变化时,微分作用使 e_t 立即变化,调节阀及时调整。汽轮机调节阀开度的变化会引起汽轮机速度级压力 P_1 的变化,P_1 信号的负反馈作用可以防止调节阀的变化幅度过大,是一种局部反馈。前馈和局部反馈作用共同保证调节阀既快又平稳地动作。

3.5　600 MW 单元机组协调控制系统实例

　　图 3.11 是某 600 MW 单元机组的协调控制系统 SAMA(Scientific Apparatus Makers Association)图。协调控制系统由主控制回路、锅炉主控回路和汽轮机主控回路组成。该机炉协调控制有四种独立运行方式。

　　(1) 协调控制(CC)方式　锅炉主控自动,汽轮机主控自动。

　　(2) 锅炉跟随(BF)方式　锅炉主控自动,汽轮机主控手动。

　　(3) 汽轮机跟随(TF)方式　锅炉主控手动,汽轮机主控自动。

　　(4) 基本(BASE)方式　锅炉主控手动,汽轮机主控手动。

　　在基本方式下,锅炉负荷指令手动给定,汽轮机调节阀由 DEH 独立控制。在汽轮机跟随控制方式下,主蒸汽压力由汽轮机调节阀自动控制,机组功率由运行人员手动控制。在锅炉跟随控制方式下,主蒸汽压力由锅炉燃烧率自动控制,汽轮机调节阀由 DEH 独立控制。在协调控制方式下,主蒸汽压力和机组功率均为自动控制,且以锅炉跟随为基础的协调控制方式运行。

　　在协调控制和锅炉跟随方式下,可以采用滑压控制。滑压控制时,主蒸汽压力的设定值根据机组负荷经函数发生器自动设定。在机组定压控制时,主蒸汽压力的设定值由运行人员在操作员站上手动设定。

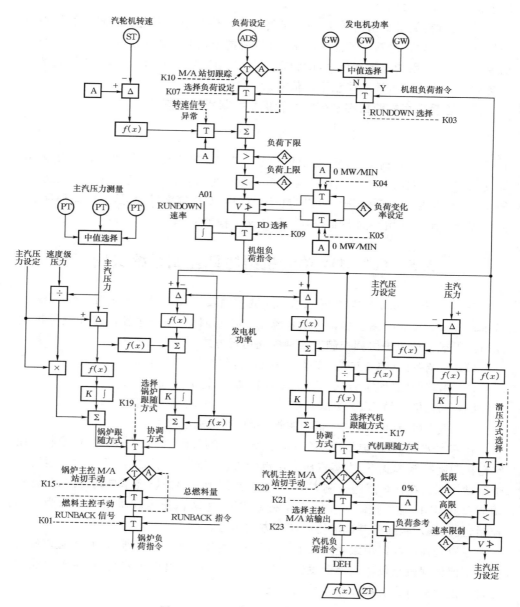

图 3.11 600 MW 机组协调控制系统

3.5.1　主蒸汽压力设定

机组定压运行时,可在主汽压力设定控制站上手动设定主汽压力设定值。滑压控制时,主汽压力设定值由机组负荷指令经函数发生器后给出,这时需运行人员选择滑压运行方式。

主汽压力设定控制站的输出经压力变化速率限制器后作为最终的主汽压力设定值。主汽压力设定值的变化速率由运行人员在操作员站上手动设定。

3.5.2　机组主控回路

机组主控回路根据运行人员设定的机组负荷设定值或电网自动化调度系统发出的负荷分配指令,向锅炉主控和汽轮机主控回路发出机组负荷指令。

当机组运行在协调控制方式时,运行人员可在负荷设定操作器上手动设定机组的负荷指令;也可将负荷设定操作器投入自动,接收 ADS 来的机组目标负荷指令。

当机组在非协调控制方式下运行时,负荷设定操作器跟踪机组实发功率。

机组负荷指令经过负荷变化率限制器,负荷变化率由运行人员在操作员站上手动设定。在经以上处理的机组负荷指令中,还设计有机组一次调频功能。电网频率偏差经函数发生器后给出目标负荷增减值,调整本机组参与电网一次调频的调频量。

当机组运行在协调控制方式时,如遇 RUNDOWN 工况,自动降低机组负荷指令。当重要过程参数的偏差消除以后,机组负荷指令保持当前值。负荷指令经以上处理后,形成最终的机组负荷指令,送到锅炉主控和汽轮机主控回路。

3.5.3　锅炉主控回路

锅炉主控操作器可进行两种运行方式的切换:锅炉跟随方式和协调方式。而当机组运行在汽轮机跟随或基本方式时,锅炉主控指令不接受自动控制信号,由运行人员在锅炉主控操作器上手动设定。

机组运行在锅炉跟随方式时,锅炉负荷指令由 PID 控制器输出加上前馈信号给出,PID 控制器的输入为主汽压力的偏差值。前馈信号是能量直接平衡信号,取主蒸汽压力和速度级压力的比值再乘以主汽压力设定值。

机组运行在协调方式时,锅炉主控指令的形成由主汽压偏差和功率偏差经PID 控制器输出加上前馈信号给出,前馈信号也采用能量直接平衡信号。

当燃料主控操作器在手动控制时,锅炉主控操作器强制切手动,输出跟踪总燃料量。

当发生 RUNBACK 工况,锅炉主控回路根据发生 RUNBACK 的不同辅机跳闸条件,以不同的速率使锅炉负荷指令逐渐下降到 RUNBACK 目标值。

主汽压力信号故障时,不管机组运行在何种运行方式,锅炉主控器强制切到手动方式。锅炉跟随方式运行时,如调速级压力信号故障,锅炉主控器强制切到手动方式。

3.5.4　汽轮机主控回路

汽轮机主控操作器可进行两种运行方式的切换:汽轮机跟随方式和协调方式。机组运行在锅炉跟随或基本方式时,汽轮机负荷指令不接受自动控制信号,由运行人员在汽轮机主控回路上手动设定。这时 DEH 独立运行,控制机组功率。机组运行在汽轮机跟随方式时,汽轮机负荷指令由主汽压力偏差经 PID 控制器给出。机组运行在协调控制方式时,汽轮机负荷指令的形成由功率偏差和压力偏差经 PID 控制器给出。

当 DEH 系统非遥控方式时,汽轮机主控回路跟踪 DEH 系统送来的汽轮机负荷参考。

3.5.5　负荷返回

当主要辅机发出 RUNBACK 信号时,如果机组负荷指令超过机组的最大出力能力,则应快速减少进入炉膛的燃料量,保证机组负荷指令不超过机组的最大出力能力,直至机组负荷指令小于或等于机组的最大出力能力。图 3.12 是 RUNBACK 指令形成逻辑图。

在机组负荷大于一定值的情况下,如果给水泵、送风机、引风机、一次风机、空预器等主要辅机跳闸,则发出 RUNBACK 请求。RUNBACK 信号发出后,机组控制方式将自动切为汽轮机跟随方式。汽轮机维持主汽压力,锅炉则以预定的 RUNBACK 速率降低锅炉总燃料量指令到机组最大出力能力相对应的总燃料量。FSSS 系统根据 RUNBACK 要求值的降低,将部分磨煤机切除,保留与机组负荷相适应的磨煤机台数。本协调控制系统的 RUNBACK 逻辑包括如下两种。

① 如果机组负荷大于 330 MW,当空预器、引风机、送风机、一次风机两台中的一台停止运行时,发生 RUNBACK。FSSS 切除磨煤机至保留 3 台磨煤机运行,CCS 切至汽轮机跟随方式,机组减负荷至 300 MW。

② 机组负荷大于 360 MW,当两台汽动给水泵中的一台停止运行,发生给水泵 RUNBACK。FSSS 动作,只保留 3 台磨煤机运行,其余磨煤机退出运行,CCS 切至汽轮机跟随方式,机组减负荷至 300 MW。

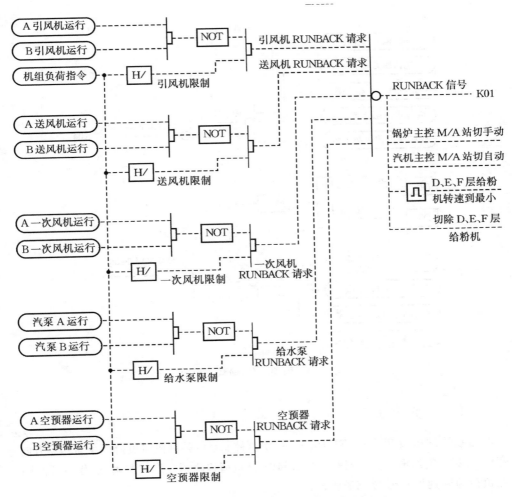

图 3.12 RUNBACK 指令形成逻辑图

3.5.6　负荷闭锁增/闭锁减

机组负荷闭锁增(BI)/闭锁减(BD)的功能通过将负荷增减方向的变化率设定为零来实现。图 3.13 是负荷闭锁增/闭锁减控制逻辑图。

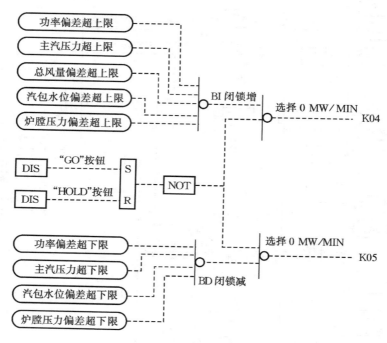

图 3.13　闭锁增/闭锁减逻辑图

3.5.7　负荷迫降

当系统发出负荷迫降(RD)信号时,协调控制系统强制机组负荷指令向相反方向变化,并尽可能地消除上述偏差。图 3.14(a)是负荷迫降指令形成逻辑图,图 3.14(b)是负荷迫降速度信号形成逻辑图。

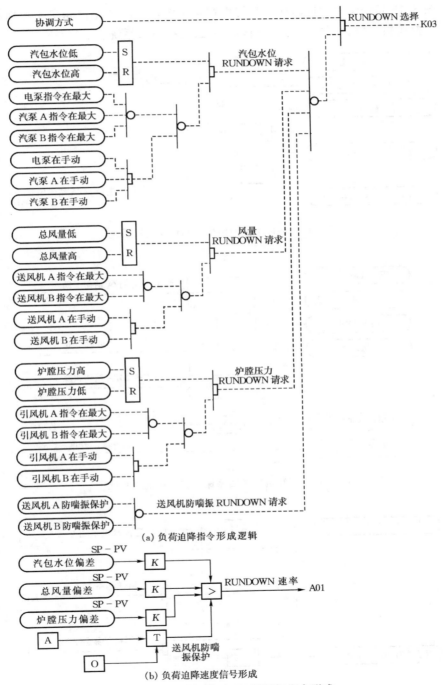

(a) 负荷迫降指令形成逻辑

(b) 负荷迫降速度信号形成

图 3.14　RUNDOWN 逻辑和指令形成

　　图 3.15 是锅炉主控回路保护和切换逻辑系统,图 3.16 是汽轮机主控回路保护和切换逻辑系统。图 3.17 是机组运行方式切换逻辑系统。

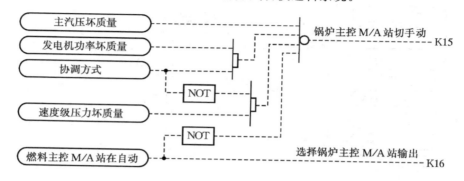

图 3.15　锅炉主控回路保护和切换逻辑系统

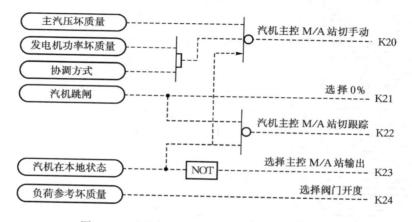

图 3.16　汽轮机主控回路保护和切换逻辑系统

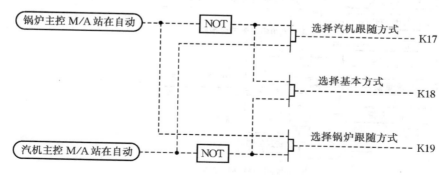

图 3.17　机组运行方式切换逻辑系统

习题与思考题

3.1　单元机组负荷控制的任务是什么？

3.2　单元机组协调控制具有什么特点？

3.3　单元机组的负荷控制有哪几种协调方式？协调控制系统工作时有哪几种方式？

3.4　协调控制系统由哪几部分组成,各部分的主要作用是什么？

3.5　什么是燃烧率？

3.6　负荷管理控制中心的主要功能是什么？

3.7　锅炉主控制回路的主要功能是什么？

3.8　汽轮机主控制回路的主要功能是什么？

3.9　外部负荷指令包括哪几种？对这些指令经过哪些处理形成机组的负荷要求指令？

3.10　分析能量间接平衡和能量直接平衡协调控制系统的原理,并说明各自的特点。

3.11　画出单元机组协调控制、汽轮机跟随和锅炉跟随三种负荷控制方案方框图,并比较说明各方案的优缺点和应用场合。

第4章　锅炉模拟量控制系统

电厂热工过程模拟量控制系统主要是汽轮机锅炉协调控制、锅炉给水控制、汽温控制、锅炉燃烧过程控制、汽轮机功率和频率控制、旁路控制系统及其它辅机的控制。本章介绍锅炉给水控制、汽温控制、燃烧过程控制和主要辅机的控制。重点介绍各控制系统的组成原则、控制原理和特点,同时给出应用实例。

4.1　给水控制系统

4.1.1　给水控制的任务

锅炉给水控制的基本目的是保证锅炉给水量与蒸发量相适应,保持锅炉给水与蒸汽负荷间的质量平衡。

电站锅炉分为汽包锅炉和直流锅炉两大类。汽包锅炉的汽包水位是锅炉蒸汽负荷与给水量间质量是否平衡的重要标志。直流锅炉通常采用微过热汽温和相关量的对应关系反映给水流量和蒸汽流量的平衡关系,直流锅炉模拟量控制系统的特点将在4.4节中讨论。本节对汽包锅炉的给水控制对象特性、控制系统的组成原理进行分析和讨论。

汽包锅炉的汽包水位过高,进入过热器的蒸汽带水严重,甚至会使过热器结垢烧坏,同时还会导致过热蒸汽温度剧烈变化,严重时还可能使汽轮机叶片结垢,损坏汽轮机。汽包水位过低,则会破坏水循环,损坏水冷壁管,因此汽包锅炉给水控制的任务是维持汽包水位在允许范围内变化。汽包锅炉给水控制系统也称为"汽包水位控制系统"。

4.1.2　给水流量控制方式

凝结水流经低压加热器、除氧器,经给水泵升压,再经过高温加热器后,送入省煤器。给水流量与给水泵特性和管路特性有关,根据这一原理,最常用的给水流量控制方式是采用定速泵的节流控制和采用变速泵两种控制方式。

1. 节流控制流量

在中小火电机组中,锅炉给水泵均采用定速泵,通过改变控制阀门开度来控制给水流量。这种方式称为给水流量的节流控制方式。图 4.1 是采用节流方式控制流量的流量-压力($W-P$)特性图。当给水泵定速工作时,泵按固定转速运转,泵的特性(或特性曲线)不发生变化。通过改变流量控制阀的开度,改变管路阻力特性,使给水泵的工作点改变,达到改变流量的目的。当控制阀开度由全关($\mu=0$)到

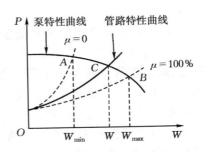

图 4.1　节流控制流量

全开($\mu=100\%$)变化时,给水泵的工作点由 A 点变化到 B 点。A、B 两点分别对应于水泵的最小流量 W_{min} 和最大流量 W_{max}。最小流量是为了防止水在泵内发生汽化而导致汽蚀所必需的最小流量。给水泵工作过程中,给水泵的流量在最小流量 W_{min} 与最大流量 W_{max} 之间。

采用这种方式控制流量,简单易行,但节流损失较大,给水泵功率消耗高;给水调整门处在高压力下工作,容易磨损,且由于定速泵启动转矩大,配置的电动机比水泵的额定容量大许多,很不经济。现代大型火电机组广泛采用变速给水泵,即通过改变水泵的转速控制给水流量。

2. 改变泵的特性控制流量

改变给水泵的转速,可以改变给水泵的特性曲线,从而改变给水系统的工作点,改变系统流量。如图 4.2 所示,当给水控制阀处于全开状态时,泵的最低转速 n_{min} 和最高转速 n_{max} 所对应的最小流量 W_{min} 与最大流量 W_{max} 是给水流量的可调节范围。

变速泵分为电动变速泵和汽动变速泵。当电动机作为原动机时,可在电动机和泵之间安装液

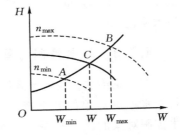

图 4.2　改变泵的转速控制流量

力联轴器,通过改变液力联轴器中勺管的径向行程,改变联轴器工作流量,实现给水泵转速的变化。

现代大型机组普遍采用汽轮机作为给水泵的原动机,这种方式通过汽轮机调速系统来改变泵的转速。汽动给水泵直接将蒸汽的热能转化为机械能,具有较高的效率,但由于驱动小汽轮机的蒸汽一般采用机组主汽轮机的抽汽,在机组启动和低负荷时,主汽轮机抽汽压力太低,无法维持汽动泵运行,因此采用汽动给水泵的

系统一般都配有一定容量的电动泵,作为机组启动、低负荷以及汽动泵故障时的备用泵。

为了保证锅炉和给水泵的安全经济运行,给水泵必须工作在最小流量特性 W_{min}、最大流量特性 W_{max},锅炉允许的最高给水压力 P_{max}、最低给水压力 P_{min} 以及泵的最高转速 n_{max}、最低转速 n_{min} 范围内。图 4.3 给出了变速泵的工作区域,这个区域称为泵的安全区域。如果变速泵工作超出安全区域,设备安全就会受到影响。

给水泵的最小流量特性曲线称为上限特性曲线,最大流量特性曲线称为下限特性曲线。最小流量特性曲线表示给水泵

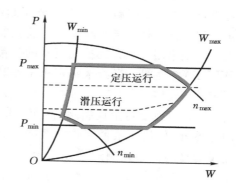

图 4.3　变速泵的安全工作区域

在不同转速下必须满足的最小流量,当泵的流量低于该值时,由于泵内机械能做工所产生的热量不能被及时带出,产生给水汽化,导致汽蚀。最大流量特性曲线表示给水泵在不同转速下所允许的最大流量,当泵的流量大于该值时,泵内静压最低值会低于给水温度下的饱和压力,导致流道内低静压区域给水汽化,导致汽蚀。

为了保证泵的工作点在安全区内,常采用如下的措施:当工作点超出上限特性曲线以外时,打开泵出口到除氧器再循环管路上最小流量再循环阀门,进行最小流量保护;当工作点低于下限特性曲线时,关小给水控制阀并提高给水泵转速,进行最大流量保护。

4.1.3　给水控制对象的动态特性

在讨论给水自动控制系统之前,首先分析给水控制对象的动态特性。汽包锅炉给水控制对象的结构如图 4.4 所示。被控量是汽包水位 H,汽包水位受到给水流量 W(流入量)、蒸汽流量 D(流出量)、热负荷 B 及蒸汽压力的影响。水位 H 反映的是流入量 W 和流出量 D 的物质平衡关系,但水位 H 对 W 和 D 的影响很小,因此可以认为给水控制对象是无自平衡能力的。

通过分析可以得到汽包水位受给水流量、蒸汽负荷、热负荷影响的关系如图 4.5

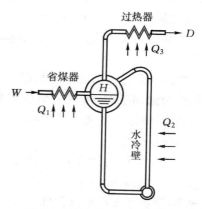

图 4.4　给水控制对象示意图

所示,其中给水流量 W 扰动包括给水压力的变化和控制阀开度的变化等因素;蒸汽负荷 D 扰动包括管道阻力的变化和主蒸汽控制阀开度的变化等因素;热负荷 B 包括引起炉内热量变化的各种因素。理论上,图 4.5 中各传递函数的参数都有各自的计算式,通过实验测试或系统辨识也可确定各个参数的值。下面分析不同扰动作用下,汽包水位的动态特性。

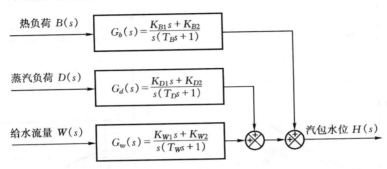

图 4.5　影响汽包水位的主要因素

1. 给水流量扰动下汽包水位的动态特性

给水流量扰动是给水自动控制系统中影响汽包水位的主要扰动之一,给水流量是来自控制侧的扰动,又称内扰或基本扰动。在给水流量 W 阶跃增加时,水位响应曲线如图 4.6 所示,从流入量和流出量的不平衡关系看,水位响应曲线应为直线 H_1,但给水流量的增加,会使汽包压力升高,汽包压力的升高会使饱和汽温上升,饱和汽温的上升会使水中的部分汽泡液化,汽泡总体积相应减小,导致水位下降。这一影响使水位如图 4.6 中的 H_2 曲线。因此水位实际的响应曲线为 $H = H_1 + H_2$。水位控制对象动态特性的特点是没有自平衡能力,但具有一定的惯性。水位在给水流量扰动下的传递函数可表示为

$$G_w(s) = \frac{H(s)}{W(s)} = \frac{\varepsilon}{s} - \frac{K_w}{1+T_w s} = \frac{(\varepsilon T_w - K_w)s + \varepsilon}{s(1+T_w s)}$$

式中:ε 为响应速度(飞升速度)。

一般情况下,可认为 $\varepsilon T_w \approx K_w$,因此可得

$$G_w(s) = \frac{H(s)}{W(s)} = \frac{\varepsilon}{s(1+T_w s)} \tag{4.1}$$

根据响应速度的定义,参考图 4.6 有

$$\varepsilon = \frac{\tan\beta}{\Delta W} = \frac{\Delta H}{\tau \Delta W} \tag{4.2}$$

即给水流量变化单位流量时,水位的变化速度。水位在给水流量扰动下的传递函

数也可近似表示为

$$G_w(s) = \frac{\varepsilon}{s} e^{-\tau s} \tag{4.3}$$

式中:ε 仍为响应速度;τ 为迟延时间(如图 4.6 所示),τ 的大小与锅炉省煤器的结构形式及锅炉容量有关。

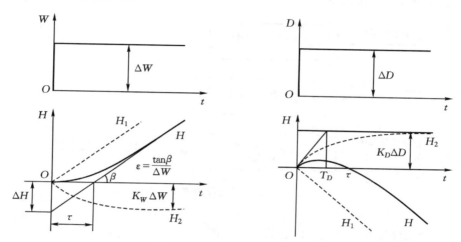

图 4.6　给水流量阶跃扰动下水位响应曲线　　图 4.7　蒸汽负荷阶跃扰动下水位响应曲线

2. 蒸汽负荷扰动下汽包水位动态特性

蒸汽负荷扰动是来自汽轮发电机组的负荷变化,属于外部扰动,这是一种经常发生的扰动。蒸汽负荷发生阶跃扰动(假定锅炉热量能及时跟上)时,水位的阶跃响应曲线如图 4.7 所示。这时蒸汽流量大于给水流量。从这一点来看,水位变化应该如图 4.7 中 H_1 所示。但是当蒸汽流量突然增加时,汽包压力降低,饱和温度下降,汽包水侧将有部分饱和水变成饱和汽,汽包内水面下的汽泡容积迅速增加。汽泡容积增加会使水位有所增加,这种影响造成汽包水位以图 4.7 中 H_2 变化。整体而言水位响应为 $H = H_1 + H_2$,且具有如下特性:当负荷增加时,虽然锅炉的给水流量小于蒸汽流量,但在扰动之初水位不仅不下降反而迅速上升;反之当负荷突然减少时,水位反而先下降,这种现象称为"虚假水位"现象。虚假水位是由于负荷增加(减少)时,汽包压力变化引起自蒸发(自凝结)而造成的。自蒸发(自凝结)使水面下汽泡的容积迅速增加(减少)。当汽泡容积变化到与负荷相适应而稳定后,水位才反映出物质平衡的关系而下降(上升)。应该指出:当负荷突然改变时,虚假水位变化很快,H_2 曲线的时间常数只有 10~20 s。虚假水位变化的幅度与锅炉的汽压和蒸发量等有关。对于一般电站锅炉,当负荷突然变化 5% 时,虚假水位现象可使水位变化达 20～30 mm。

蒸汽负荷扰动时,水位变化的动态特性可用传递函数表示为

$$G_d(s) = \frac{H(s)}{D(s)} = \frac{K_D}{1 + T_D s} - \frac{\varepsilon}{s} \tag{4.4}$$

式中:T_D 为图 4.7 中的时间常数;K_D 为图 4.7 中的放大系数;ε 为 H_1 响应速度。

3. 锅炉热负荷扰动时汽包水位动态特性

热负荷扰动对于汽包水位也是一种外部扰动因素。例如,当燃料量 B 突然增加(送风量、引风量同时协调改变)时,锅炉吸收更多的热量,蒸发强度增加。如果不控制汽轮机的进汽量(汽轮机主汽门开度不变),则随着锅炉出口压力的提高,蒸汽流量亦将增加,此时蒸汽流量大于给水流量,水位应该下降。但是由于蒸发系统吸热量的增加,汽包水面下汽泡容积的增大,也出现虚假水位现象。水位先上升,经过一段时间后才下降。阶跃响应曲线如图 4.8 所示。它和图 4.7 有些相似,但是水位上升较少,而持续时间较长。

从给水流量、蒸汽负荷、热负荷扰动下汽包水位的动态特性,可以看出给水控制对象具有以下特点。

① 当水位已经偏离给定值后再控制给水流量,则由于给水流量改变后要有一定迟延或惯性才能影响到水位,因此水位必然会产生较大的变化。

② 蒸汽负荷变化时,出现的虚假水位变化不能用给水流量控制。对于虚假水位现象严重的锅炉,为了在负荷变化时水位不超出允许的范围,必须限制负荷的一次突变量和负荷的变化速度。

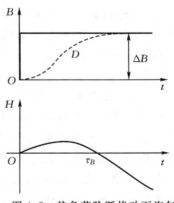

图 4.8　热负荷阶跃扰动下汽包
水位响应曲线

③ 由于虚假水位的出现,如果只根据水位控制给水流量,那么在负荷变化后的开始阶段,给水流量的变化必然与负荷变化的方向相反,因而会进一步扩大锅炉进、出流量的不平衡。在设计给水自动控制系统时必须加以考虑,并设法避免或减轻。

蒸汽负荷、热负荷是外部扰动,给水量 W 是内部扰动。因此汽包水位在给水流量扰动下的参数(ε, T_W)是给水控制系统控制器参数整定的依据。但是蒸汽负荷和热负荷是经常变化的,且是产生虚假水位的根源,所以在控制系统中经常引入给水流量 W、蒸汽流量 D、燃料流量 B 信号作为前馈信号,以改善外部扰动时的控制品质。目前大型锅炉给水控制系统采用三冲量或多冲量控制系统。

4.1.4　给水控制系统的基本结构

汽包锅炉给水控制系统,主要有单冲量和三冲量两种基本结构。

1. 单冲量控制系统

单冲量控制系统的基本结构如图 4.9 所示。它是锅炉给水自动控制系统中最简单、最基本的一种形式,从控制原理上讲是单回路控制系统。水位测量信号经过变送器送入控制器,控制器根据水位测量信号与给定值的偏差调整给水控制阀开度,改变给水流量以保证汽包水位在允许的范围内。

因为只有汽包水位一个过程信号进入控制器,所以控制系统称为单冲量控制系统。低参数、小容量的锅炉,其相对水容比较大,虚假水位现象不甚严重,控制品质要求又不十分高,故可采用单冲量给水控制系统。或者说这种系统只适用汽包容积相对较大,负荷较稳定的场合。

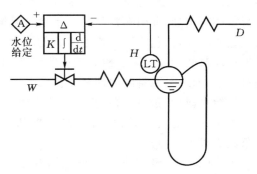

图 4.9　单冲量给水控制系统基本结构

对于中、小型锅炉,如果虚假水位比较严重时,可采用控制器接受水位和蒸汽流量两个信号的双冲量给水自动控制系统。蒸汽流量作为前馈信号与扰动量大小成比例,控制作用在扰动发生的同时就产生,可以大大改善控制效果。在双冲量给水自动控制系统中,当蒸汽流量发生变化时,蒸汽流量信号产生的控制作用使给水流量与蒸汽流量同方向变化,因而可以减小或抵消由于虚假水位现象而使给水量与蒸汽流量相反方向变化的误动作,使控制阀一开始就向正确方向移动,从而减小了给水流量和水位的波动,缩短了调整时间。

在大型机组的启动或低负荷状态,蒸汽负荷较低,对汽包水位的扰动与锅炉排污、疏水等对汽包水位的扰动相比,已不占主导地位,而且蒸汽流量测量误差较大,这时采用单冲量控制可以满足控制要求。

2. 单级三冲量控制系统

现代大容量蒸汽锅炉相对水容很小,汽包水位受虚假水位的影响十分严重。如果采用双冲量给水自动控制系统,不能及时消除内扰对水位的影响。因此在双冲量给水自动控制系统的基础上再引入给水流量信号。汽包水位、蒸汽流量、给水流量三个测量信号都参与汽包水位的控制系统叫三冲量给水控制系统,三个测量信号称为三冲量信号,汽包水位是主信号。三冲量控制系统的基本结构如图 4.10 所示。

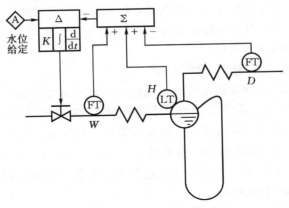

图 4.10　三冲量给水控制系统基本结构

当采用电动变速泵或汽动变速泵给水时,图 4.10 中控制器的输出将控制液力联轴器工作流量或控制给水泵汽轮机进汽量,达到改变给水泵转速,调整给水流量的目的。

在三冲量给水自动控制系统中,蒸汽流量信号能克服蒸汽负荷变化引起的虚假水位所造成的控制器误动作;给水流量信号能迅速消除给水侧的扰动,稳定给水流量;水位主信号能消除各种内外扰动对水位的影响,保证水位在允许的范围内变化。

图 4.10 所示的三冲量给水控制系统可以画成图 4.11 所示的方框图。图中:

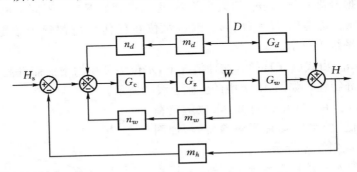

图 4.11　三冲量给水控制系统方框图

D 为蒸汽流量;m_d 为蒸汽流量测量变送装置的放大系数;

W 为给水流量;m_w 为给水流量测量变送装置的放大系数;

H 为汽包水位;m_h 为汽包水位测量变送装置的放大系数;

$G_w(s)[=H(s)/W(s)]$为给水流量对汽包水位的传递函数；

$G_d(s)[=H(s)/D(s)]$为蒸汽流量对汽包水位的传递函数；

G_z 为执行器和控制阀的传递函数；

$G_c(s)$为控制器传递函数；

n_d、n_w 分别为蒸汽、给水流量分流系数。

从控制原理看，三冲量给水控制系统是一个双回路加前馈的控制系统。给水流量测量变送装置 m_w、控制器 $G_c(s)$、执行器机构 G_z 组成局部回路（内回路），给水流量信号 W 是局部反馈信号。汽包水位测量变送装置、局部回路、给水流量对汽包水位的传递函数组成外回路（主回路）。汽包水位信号是主反馈信号。蒸汽流量信号 D 是前馈信号，同时可以减小或抵消由于虚假水位现象而使给水量与蒸汽流量相反方向变化的误动作。

从图 4.11 可以看出，经过预处理后进入控制器的蒸汽流量和给水流量信号分别是 $n_d m_w D$ 和 $n_w n_w W$，进入控制器的水位信号为 $m_h H$。控制器的总输入信号为 $(H_s - m_h H + m_d n_d D - m_w n_w W)$。

当控制器具有积分作用时，稳态输入信号总和等于零，即

$$H_s - m_h H + m_d n_d D - m_w n_w W = 0$$

或者改写成汽包水位信号与其它信号的关系

$$m_h H = H_s + m_d n_d D - m_w n_w W \qquad (4.5)$$

一般情况下选用 $m_d = m_w$，且静态时 $D = W$，这样式（4.5）可写成

$$m_h H = H_s + m_d(n_d - n_w)D \qquad (4.6)$$

因此根据分流系数 n_d、n_w 的大小关系，可以得到如下三种不同水位静态特性。

① $n_d = n_w$，稳态时 $H = H_s/m_h$，汽包水位在任何负荷都等于给定值。如图 4.12 中的水平线①所示。

② $n_d > n_w$，由式（4.6）可知，这种情况下，水位随负荷的增加而升高，即汽包水位具有上升静特性。如图 4.12 中的上倾直线②所示。

③ $n_d < n_w$，由式（4.6）可知，水位随负荷的增加而降低，即水位具有下降静特性，如图 4.12 中的下倾斜线③所示。

在锅炉给水自动控制系统中，一般采用水平静特性，即要求任何负荷下水位的稳态值均等于给定值，此时取 $n_d = n_w$。在某些特殊情况下，也有采用上升或下降特性的，例如在冲击负荷锅炉中采用上升静特性。

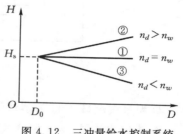

图 4.12　三冲量给水控制系统
的静态特性

3. 串级三冲量控制系统

如图 4.13 所示为串级三冲量给水自动控制系统基本结构。这个系统和单级三冲量给水自动控制系统的不同之处是多用了一个 PID 控制器，主控制器 PID_1 保证水位主信号无静差。主控制器的输出、蒸汽流量信号与给水流量信号送到副控制器 PID_2 的输入端，副控制器的输出送到执行机构，由执行机构改变给水流量。由于副控制器接受了三个信号，同样存在信号间的静态配合问题。但串级三冲量给水控制系统的静特性由主控制器决定，不需要蒸汽流量信号与给水流量信号相等，分流系数可以根据锅炉虚假水位的严重程度决定，因此在负荷变化时，可使蒸汽流量信号更好地补偿虚假水位影响，从而改善负荷扰动下的控制品质。

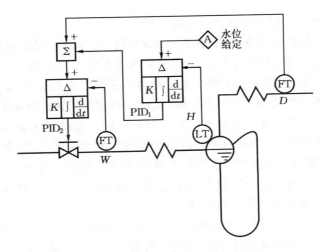

图 4.13　串级三冲量给水控制系统基本结构

图 4.13 所示的串级三冲量给水控制系统可以画成图 4.14 所示的方框图。图中，$G_{c1}(s)$、$G_{c2}(s)$ 分别为主控制器 PID_1、副控制器 PID_2。其它符号与图 4.11 中的符号相同。

在串级控制系统中，给水流量测量变送装置 m_w、副控制器 $G_{c2}(s)$、执行器机构 G_z 组成副回路。给水流量信号是串级控制系统副回路的测量信号。汽包水位测量变送装置 m_h、主控制器 $G_{c1}(s)$、副控制回路、给水流量对汽包水位的传递函数 $G_w(s)$ 组成主回路。水位信号 H 是控制系统的主信号，蒸汽流量 D 是前馈信号。副回路对汽包水位起粗调作用。主控制器可以克服所有引起水位偏差的因素，最终使汽包水位与给定水位保持一致。

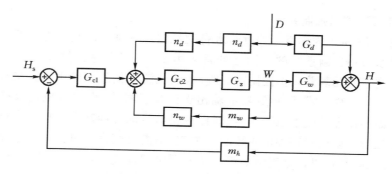

图 4.14　串级三冲量给水控制系统

串级三冲量给水控制系统具有下面的优点。

（1）两个控制器的任务不同，参数整定相对独立　副控制器的任务是在发生给水侧扰动（内扰）时，迅速消除内扰；发生蒸汽侧扰动（外扰）时，迅速改变给水流量，保持给水和蒸汽流量基本平衡。主控制器的任务是校正水位，这比单级三冲量给水控制系统的工作更为合理，因此串级系统的控制效果比单级系统更好。

（2）能更好地消除虚假水位对控制过程的影响　在蒸汽负荷变化时，水位静态值靠主控制器维持，并不要求进入副控制器的蒸汽流量信号按"静态对比"来进行整定，而可以根据对象在外扰下虚假水位的严重程度适当加强蒸汽流量信号的作用，以便在蒸汽负荷变化时，使蒸汽流量信号能更好地补偿虚假水位信号，从而避免蒸汽负荷扰动下给水流量的误动作。

（3）系统的安全性更好　当给水流量和蒸汽流量两个信号中由于测量、变送单元故障而失去一个时，或变送器特性发生变化，给水流量信号和蒸汽流量信号失去平衡时，主控制器由于其积分作用可补偿失去平衡的信号，使系统暂时维持工作，而单级系统当给水流量或蒸汽流量信号发生故障时，则无法使水位稳定在给定值上。

（4）串级系统还可以接入其它信号（如燃料信号）形成多参数的串级系统。但串级控制系统在汽轮机甩负荷时，过渡过程不如单级控制系统快。

4.1.5　600 MW 机组给水全程控制系统

大型机组的锅炉汽包，相对容量较小，水位变化速度很快。断水数十秒内水位就会达到极限值，几分种就可能造成事故，这就要求大机组采用给水全程控制。给水全程控制就是机组从启动到带满负荷，负荷的升降、机组关停全部过程都实现给水自动控制。给水全程控制系统必须解决以下几个问题。

（1）给水控制方式的切换　给水全程控制系统是低负荷时的单冲量控制，高负荷时的三冲量控制，泵的最小流量、最大流量控制，泵出口压力控制等系统有机结合而成的一个综合控制系统。在整个运行过程中,必须保持汽包水位在允许的范围内变化,使给水设备工作在安全区,并具有可靠的单冲量控制方式与三冲量控制方式的切换回路。

　　(2)测量信号的修正　机组从启动到正常运行,工质参数变化很大,所以必须解决好参数的补偿问题。通常对汽包水位进行压力补偿,对蒸汽流量进行压力、温度补偿,保证信号的准确性。

　　(3)控制机构的切换　大型机组低负荷时采用单冲量控制方案,且采用节流阀控制给水流量;达到一定负荷时,采用三冲量控制方式,且采用改变给水泵转速控制给水流量。节流和转速控制给水流量的机构切换也必须认真考虑。

　　在设计给水全程控制系统时,各种不同运行控制方式的自动无扰切换和设备间的联锁保护也是非常重要的。对于现代大型电站锅炉,基本上都采用给水全程控制系统。本小节结合一台 600 MW 单元机组的给水全程自动控制系统说明这种控制系统的工作原理和特点。

1. 给水系统

某 600MW 单元机组的给水系统如图 4.15 所示。

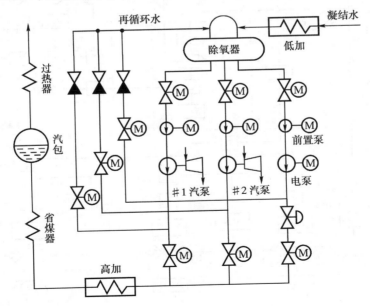

图 4.15　锅炉给水系统示意图

　　系统配套三台给水泵,其中两台是各自容量为 60% 额定给水流量的汽动泵,分别由小汽轮机驱动,改变小汽轮机的转速可以改变给水流量。一台容量为总容量 35％的电动给水泵,当机组负荷低于 30％额定负荷时,电动给水泵运行。当机组负荷大于 30％额定负荷时,运行汽动给水泵,给水泵的启动和停止操作由机组自启停程序控制。另外,每台泵的入口侧都有一台前置泵,为了在低负荷时保证给水泵的最小流量,每台泵的出口侧都有再循环管路,可将部分出水流量回流到除氧器。

　　该锅炉给水全程自动控制,无论是机组启停过程、低负荷运行工况、或者是正常负荷工况,甚至于事故工况,给水控制系统均能一直处在各种相应的自动控制方式,图 4.16 给出了该机组给水控制系统 SAMA 图。

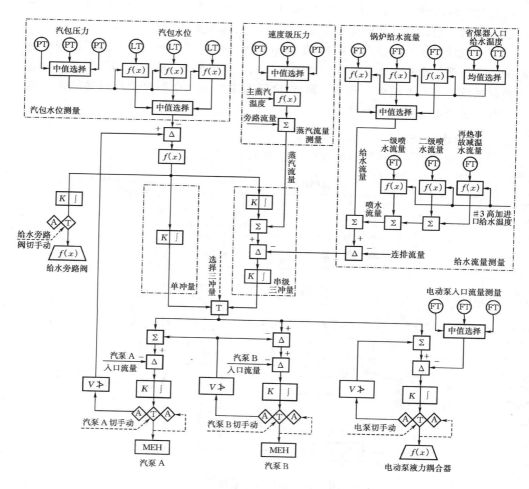

图 4.16　600 MW 机组给水全程控制系统

2. 信号测量与校正

（1）汽包水位测量和校正　为了得到可靠的汽包水位信号，装有三套水位测量装置，三个水位测量信号采用三取中的方式自动选择。

锅炉从启动到正常运行的过程中，汽包压力不断变化。由于汽包中饱和水及饱和汽的密度随压力变化，影响了汽包水位测量的准确性，因此对于采用差压原理测量汽包水位的系统，必须对压差信号进行压力修正才能代表真正的汽包水位。图 4.17 是采用单室平衡容器取样的锅炉水位测量原理图，其水位的表达式为

$$H = \frac{L(\rho_c - \rho_s)g - \Delta P}{(\rho_w - \rho_s)g} \tag{4.7}$$

式中：ΔP 为进入变送器的压差 $P_1 - P_2$；ρ_s 为饱和汽的密度；ρ_w 为饱和水的密度；ρ_c 为汽包外平衡容器内汽水的密度；L 为汽水连通管之间的垂直距离；g 为重力加速度常数。

由式（4.7）可以看出，水位 H 不仅与压差有关，而且与汽水密度有关。我们知道，饱和水及饱和汽的密度随饱和压力的变化具有比较复杂的关系。汽包水位测量应用中，式（4.7）中的（$\rho_w - \rho_s$）可按如下近似公式计算

$$\rho_w - \rho_s = 908.8 - 27.685 P_b \tag{4.8}$$

式中：P_b 为汽包压力，MPa。

当平衡容器内汽水温度按近 50 ℃似时，式（4.7）中的（$\rho_c - \rho_s$）可按如下近似公式计算

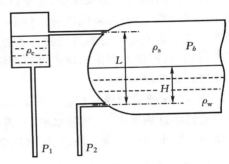

图 4.17　汽包水位测量原理图

$$\rho_c - \rho_s = 1\,000.9 - 7.410 P_b \tag{4.9}$$

当汽压在 0.39～18.63 MPa 范围内时，式（4.8）的计算结果与实际值的误差在 2.5% 以内，式（4.9）的计算结果（平衡容器内汽水温度按 50 ℃ 计算）与实际值的误差小于 1.3%。

当需要更高精度时，可拟合出更高精度的计算公式。例如

$$\rho_w - \rho_s = 942.36 - 50.418\,P_b + 2.8855 P_b^2 - 0.9627 P_b^3 \tag{4.10}$$

$$\rho_c - \rho_s = 673.84 + 2.9043\,P_b + 21.3791\,\sqrt{225.56 - 10.197 P_b} \tag{4.11}$$

当汽压在 2.94～20.59 MPa 范围内时，式（4.10）的计算结果与实际值的误差不超过 1.0%。当平衡容器内汽水温度为 50 ℃，汽压在 0.1～20.2 MPa 范围内时，式（4.11）的计算误差不超过 0.3%。

图 4.16 中，"汽包水位测量"内的 $f(x)$ 用于实现以上校正运算功能。

（2）蒸汽流量测量和校正　这里的蒸汽流量为锅炉出口蒸汽流量，锅炉出口

蒸汽流量是汽轮机入口流量与旁路流量之和。汽轮机入口蒸汽流量采用速度级压力测量法。速度级压力共有三个测量信号,选择中值信号。经函数发生器得到汽轮机入口蒸汽流量信号,并采用主汽温补偿。

蒸汽流量的一般测量方法是标准截流装置法,但这种方法会造成节流损失,降低机组的经济性。目前大机组采用汽轮机速度级(调节级)后压力或级组压力差来测量蒸汽流量。图 4.16 给出的系统采用汽轮机速度级后压力测量蒸汽流量,这种测量方法的基本原理是弗流格尔公式

$$D = K \frac{P_1}{T_1} \tag{4.12}$$

式中:P_1、T_1 为汽轮机速度级后压力和温度;K 为由汽轮机类型和设计工况确定的比例系数。

式(4.12)的成立必须保证:速度级流通面积不变,速度级后各通流部分的汽压均正比于蒸汽流量;在不同流量条件下,流动过程相同,即多变指数相同,通流部分效率相同。但实际运行的汽轮机并不能完全满足这些条件,同时不易直接测量速度级后压力,即使测得也不能代表速度级后的平均汽温,因此一般采用主蒸汽参数推算得到此温度。

(3)给水流量测量和校正 锅炉给水流量也采用三取中,并经温度修正后的给水流量和过热器一、二级喷水流量、再热事故减温水流量相加,减去锅炉连排流量作为总给水流量。给水流量、喷水流量均采用温度校正。

3. 给水全程自动控制系统

汽包水位设定值可由运行人员在 A 汽动泵操作面板上设定。给水控制系统设计有单冲量和三冲量两套控制系统,当给水泵启动或负荷小于 15％额定负荷时,控制给水操作台旁路控制阀来维持汽包水位,同时通过控制电泵转速维持给水泵出口母管压力与汽包压力之差。当负荷在 15％额定负荷以上时,直接采用控制给水泵转速来维持汽包水位。当负荷达到 30％额定负荷时,切换为三冲量给水控制。

(1)单冲量控制子系统 在锅炉启动阶段,两台汽动给水泵均还未启动,此时,只有电动给水泵参与工作,通过逻辑切换选择单冲量控制系统。

(2)串级三冲量给水控制系统 锅炉的主蒸汽流量超过 30％时,给水控制系统从单冲量给水控制系统切换到串级三冲量给水控制系统。

由于给水泵的工作特性不完全相同,为稳定各台给水泵的并列运行特性,避免发生负荷不平衡现象,设计了各给水泵出口流量控制小回路,将各给水泵的出口流量送入各给水泵控制器的入口,以实现多台给水泵的输出同步功能。

三冲量给水控制系统的原理前面已经作过介绍。所不同的是在该给水控制系统中,对每台给水泵都设计了一个流量控制回路。由于三台给水泵并列运行。因此串级

三冲量给水控制系统的输出信号作为流量"指令"送入三个流量控制回路,但这个"指令"是总的给水流量指令,因此在三个流量控制子回路入口分别设计了偏值器"△",以根据总给水流量"指令"形成各台给水泵应实际承担的给水流量给定值。

(3) 给水控制系统的逻辑保护和切换　图 4.18 是简化了的给水控制系统的逻辑保护和切换原理图。图中给出了三冲量控制方式的切换条件,以及哪些条件下旁路控制阀强制切手动、电动给水泵强制切手动、汽动给水泵强制切手动。

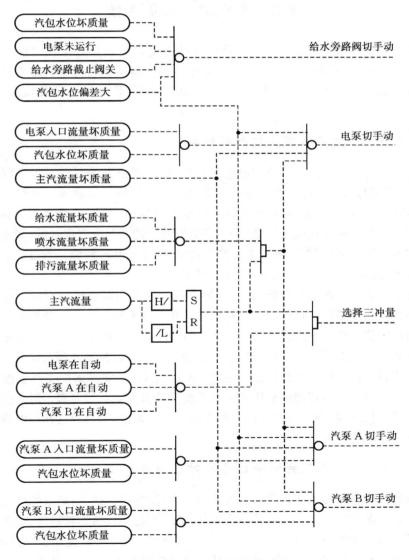

图 4.18　600 MW 机组给水控制逻辑系统

　　另外当汽动给水泵 A、汽动给水泵 B 或电动给水泵运行时,为了保证给水泵的安全,在任何工况下都不允许通过给水泵的流量低于最小允许流量。通过控制给水泵再循环流量,以保证通过每台给水泵的给水流量不低于最小允许流量。因此设计了给水泵最小流量控制回路,最小流量控制回路为单回路控制系统。A 汽动给水泵、B 汽动给水泵和电动给水泵的最小流量控制系统互相独立,结构完全相同。

4.2　蒸汽温度控制系统

　　蒸汽温度自动控制包括过热蒸汽温度的自动控制和再热蒸汽温度的自动控制。对于某一确定的机组,其过热蒸汽温度自动控制系统和再热汽温自动控制系统是针对机组的具体特点而设计的。一般而言,汽温控制系统种类较多,各有特点。

4.2.1　过热蒸汽温度控制的任务

　　过热汽温是锅炉汽水通道中温度最高的地方,过热器的材料是耐高温的合金材料,正常运行时过热器温度一般接近于材料所允许的极限温度。过热蒸汽温度偏高,不仅会烧坏过热器,同时也会使蒸汽管道,汽轮机主汽门、调节阀、汽缸、前级喷嘴和叶片等部件机械强度降低,影响机组安全。过热蒸汽温度过低,则会降低机组热效率,同时还会使汽轮机末级蒸汽湿度增加,加速叶片侵蚀。若过热蒸汽温度波动过大,还会使材料产生疲劳,危及机组安全运行。

　　为了保证机组的安全经济运行,过热蒸汽温度必须加以精确控制。过热蒸汽温度控制的任务是维持过热器出口蒸汽温度在允许的范围内。一般要求过热蒸汽温度与给定值的偏差不超过 ±5 ℃ 甚至更小。控制主蒸汽温度的手段都是在过热器上安装喷水减温器,将带有一定过冷度的给水喷入,以控制主蒸汽温度。

　　亚临界锅炉主汽温度设计值一般为 540 ℃ 左右,超临界锅炉主汽温度设计值为 560～570 ℃ 左右,超超临界锅炉主汽温度设计值为 600 ℃ 左右。对于这样的传热对象,采用任何控制作用都显得有较大的迟延和惯性,要达到这样小的温度偏差是很不容易的。

4.2.2　过热汽温的影响因素及对象动态特性

　　引起过热蒸汽温度变化的因素可分为三类:蒸汽负荷扰动,烟气侧扰动和减温水侧扰动。蒸汽负荷扰动主要是蒸汽流量;烟气侧扰动包括燃料成份、受热面清洁度、烟气流量、火焰中心位置、燃烧器运行方式等等;减温水侧扰动如减温水流量、减温水温度等。烟气侧扰动的动态特性与蒸汽负荷扰动类似,汽温响应较快,也可以用作控制汽温的手段,在再热汽温的控制中普遍采用。

在各种扰动下汽温控制对象动态特性都有迟延和惯性。典型的汽温阶跃响应曲线如图 4.19 所示。可以用延迟,时间常数,放大系数来描述其动态特性。即传递函数可写为:

$$G(s) = \frac{K}{Ts+1} e^{-\tau s} \tag{4.13}$$

为了在控制机构动作后能及时影响到汽温(即控制机构扰动时,汽温动态特性的 τ、T 和 τ/T 应尽可能小),因此正确选择控制汽温的手段是非常重要的,目前广泛采用喷水减温作为控制汽温的手段。即使这样,对于满足汽温的高精度要求,控制对象在控制作用下的迟延时间 τ 和时间常数 T 还是太大。如果只根据汽温偏差来改变喷水量往往不能保证汽温在允许的范围内。因此,在设计自动控制系统时,应该引入一些比过热蒸汽温提前反映扰动的补充信号,使扰动发生后,过热汽温还没有发生明显变化的时刻就进行控制,消除扰动对主汽温的影响,而有效地控制汽温的变化。电站锅炉应用最广泛的是串级过热汽温控制系统和采用导前汽温微分信号的双回路控制系统。

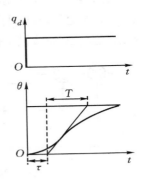

图 4.19　负荷扰动下过热
汽温响应曲线

4.2.3　过热汽温控制的基本方案

为了解决过热器延迟和惯性较大的问题,目前普遍采用减温器出口汽温,也称导前汽温参与控制的汽温控制方案。

1. 采用导前汽温微分信号的双回路控制系统

图 4.20 是采用导前汽温微分信号的双回路控制系统基本结构。在这个系统中,控制器接受主蒸汽温度(被控量)信号 θ,同时接受导前汽温 θ_1 的微分信号。汽温变化时,θ_1 对扰动的反映比 θ 快。导前汽温 θ_1 的微分能反映汽温的变化趋势,使控制器提前产生控制作用,在汽温 θ 还未受到较大影响时就产生控制作用,使控制质量得到提高。

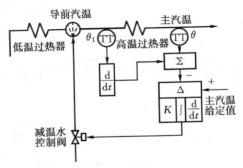

图 4.20　采用导前温度微分信号的
双回路控制系统基本结构

采用导前汽温微分信号的控制系统的方框图如图 4.21 所示,系统有两个闭合回路。

(1) 内回路　也称导前回路,由对象导前区 $G_{p1}(s)$、导前汽温变送器 m_1、微分器 $G_d(s)$、控制器 $G_c(s)$ 执行器 K_z 和喷水阀 K_f 组成。

(2) 外回路　也称主回路,由对象的惰性区 $G_{p2}(s)$,主汽温度变送器 m 和内回路组成。

在发生内扰时,控制器接受导前汽温微分信号,迅速消除内扰对主蒸汽温度的影响。如果整定的好,有可能在出现内扰时导前回路的作用使主汽温不发生变化。内回路是快速动态调整回路,主回路是一个为确保主蒸汽温度在给定值的校正回路。

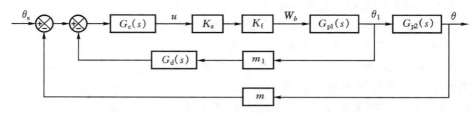

图 4.21　采用导前汽温微分信号控制系统的方框图

在不采用导前汽温信号时,控制器与控制对象 $G_p(s)=G_{p1}(s)G_{p2}(s)$ 组成单回路控制系统,其方框图见图 4.22(a)。根据控制系统方框图等效变换原理,图 4.21 可变换成图 4.22(b)所示的方框图。因此加入导前汽温微分信号相当于改变了控制对象的动态特性。其等效控制对象的传递函数 $G_{pe}(s)$ 为

$$G_{pe}(s)=G_{p1}(s)\left[G_{p2}(s)+\frac{m_1}{m}G_d(s)\right] \qquad (4.14)$$

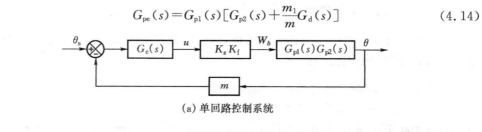

(a) 单回路控制系统

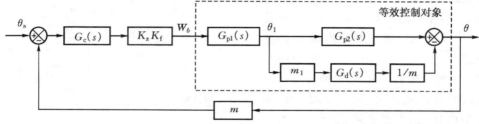

(b) 采用导前汽温微分信号相当于改变了控制对象的动态特性

图 4.22　用微分信号改变控制对象特性的方框图

图 4.21 也可等效地转换为图 4.23 所示的方框图,即采用导前汽温微分信号的控制系统可等效地转换成串级控制系统,其等效副控制器 $G_{c2e}(s) = G_c(s)G_d(s)$,等效主控制器 $G_{c1e}(s) = \dfrac{1}{G_d(s)}$。

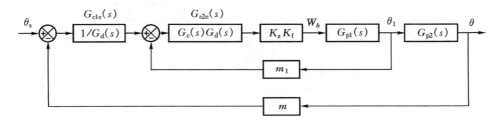

图 4.23　等效串级控制系统

在采用导前汽温微分信号的控制系统中,当微分器采用具有实际微分作用的微分环节,控制器采用比例积分控制器,即

$$G_d(s) = \frac{k_d T_d s}{1 + T_d s} \tag{4.15}$$

$$G_c(s) = K_p \left(1 + \frac{1}{T_i s}\right) \tag{4.16}$$

时,等效副控制器 $G_{c2e}(s)$ 为

$$G_{c2e}(s) = K_p \left(1 + \frac{1}{T_i s}\right) \frac{k_d T_d s}{1 + T_d s} = K_p k_d \left(1 + \frac{T_d/T_i - 1}{1 + T_d s}\right) \tag{4.17}$$

一般应用中 T_d 远大于 T_i。因此上式可进一步近似成

$$G_{c2e}(s) \approx K_p k_d \left(1 + \frac{1}{T_i s}\right) \tag{4.18}$$

等效主控制器 $G_{c1e}(s)$ 是微分器 $G_d(s)$ 的倒数,即

$$G_{c1e}(s) = \frac{1 + T_d s}{k_d T_d s} = \frac{1}{k_d}\left(1 + \frac{1}{T_d s}\right) \tag{4.19}$$

根据以上分析可知,具有导前汽温微分信号控制系统可以等效为主、副控制器都是 PI 作用的串级控制系统。但在真正的串级控制系统中,为了加快内回路的动作和加强主汽温的校正作用,一般副控制器采用比例或比例微分作用,而主控制器则采用 PID 作用。因此,采用导前汽温微分信号的控制系统的控制效果不如串级控制系统好,尤其当控制对象惰性区的延迟和惯性比较大时更为明显。

2. 过热汽温串级控制系统

图 4.24 是过热蒸汽温度串级控制系统基本结构,控制系统的方框图如图4.25 所示。

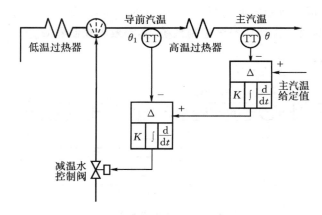

图 4.24　过热汽温度串级控制系统基本结构

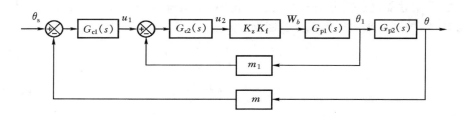

图 4.25　串级汽温串级控制系统方框图

串级主汽温控制系统的两个回路为：

① 由对象的导前区 $G_{p1}(s)$、导前汽温变送器 m_1、副控制器 $G_{c2}(s)$、执行器 K_z 和喷水控制阀 K_f 组成副回路；

② 由对象的惰性区 $G_{p2}(s)$、过热汽温（主汽温）变送器 m、主控制器 $G_{c2}(s)$ 及副回路组成主回路。

导前汽温 θ_1 对于喷水量变化的反应比主汽温 θ 及时，一旦导前汽温 θ_1 发生变化，副控制器 G_{c2} 就改变减温水流量，及时消除干扰使主汽温变化较小。主控制器 G_{c1} 对过热汽温 θ 起校正作用。当主汽温 θ 偏离给定值时，由主控制器 G_{c1} 发出校正信号 u_1 通过副控制器 G_{c2} 及其执行机构进行控制，使主汽温最终恢复到给定值。主控制器的输出 u_1 相当于改变导前汽温 θ_1 的给定值。所以控制过程结束时，导前汽温 θ_1 可能稳定在与原来不同的数值上，而过热汽温 θ 则等于给定值。

串级主汽温控制系统中，副回路应尽快地消除扰动对主汽温的影响，对主汽温起粗调作用，因此副控制器一般采用 P 或 PD 控制器；主控制器的作用是对主汽温起细调作用，因此应采用 PI 或 PID 控制器。

一般汽温控制中导前区动态特性 $G_{p1}(s)$ 的迟延和惯性要比整个控制对象 $G_{p1}(s)G_{p2}(s)$ 的迟延和惯性小得多,在这种情况下副回路的控制过程比主回路的控制过程快得多。当副回路消除喷水量扰动时,主汽温基本上不受影响。即当副回路动作时,主回路可以看作开路;而当主回路动作时,副回路可以看作是快速随动的比例环节。

采用导前汽温微分信号的双回路控制系统结构简单,是一种可取的过热蒸汽温度控制方案。但若微分器的参数调整不当,会产生严重的非线性,使控制质量恶化。串级控制系统主副控制器分工明确,系统容易整定,控制质量较高,应用最广泛。

4.2.4　其它过热蒸汽温度控制系统

现代大型火电机组,由于锅炉容量大,过热器受热面积大幅增加,管道长度大幅加长,结构复杂,因而控制对象的延迟和惯性较大。针对这些特点,形成了多种控制方案,其中被广泛应用的是具有相位补偿的汽温控制系统和分段汽温控制系统。

1. 采用相位补偿的汽温控制系统

如何克服主汽温的惯性和迟延,是大型机组过热汽温控制中探讨比较多的一个问题。图 4.26 为采用相位补偿的过热汽温控制系统。该系统仍属于双回路汽温控制系统,与图 4.21 所示的采用导前汽温微分信号的双回路控制系统不同之处在于主回路中串联一个相位补偿器。将主汽温 θ 与给定值 θ_s 的偏差值送入相位补偿器进行相位超前补偿和幅值校正(简称为相位补偿)。

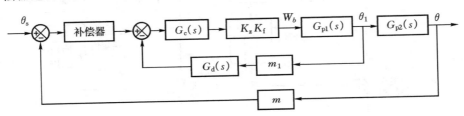

图 4.26　采用相位补偿的过热汽温控制系统

相位补偿器可采用一阶超前校正或二阶超前校正。一阶超前校正器的传递函数如下

$$G_c(s) = K_c \frac{T_1 s + 1}{T_2 s + 1} \tag{4.20}$$

式中: $T_1 > T_2$。

当汽温控制对象的惯性较大时,可采用二阶超前校正补偿,即用两个一阶超前校正环节串联组成相位补偿器。采用串联相位超前补偿器控制主要是补偿过热器对象的惯性,基本原理是串联超前校正。它可以使系统的相对稳定性提高,即系统的稳定裕量增加。

2. 过热汽温分段控制系统

随锅炉容量的提高,过热器管道加长,结构复杂。为了保证各段过热器的安全,进一步改善控制品质,将整个过热器设计成若干段,每段设置一个减温器,分别控制各段的汽温,以维持主汽温在给定值。这种汽温控制方式叫做分段汽温控制系统,有两种方案。

(1) 过热汽温分段控制系统　过热汽温分段控制系统的基本结构如图 4.27 所示。过热器分为一级过热器、二级过热器和末级过热器三段,设有两级喷水减温器。控制器 G_{c2} 接受二级过热器出口温度 θ_2 及第一级喷水减温器后的汽温 θ_3 的微分信号,控制第一级喷水量 W_{b1},以保持二级过热器出口汽温 θ_2 不变。第一级喷水减温控制为第二级喷水控制打下基础。第二级喷水减温保持末级过热器出口汽温 θ(主蒸汽温度)不变。这里一、二级喷水减温控制系统均采用具有导前汽温微分信号的双回路控制系统。

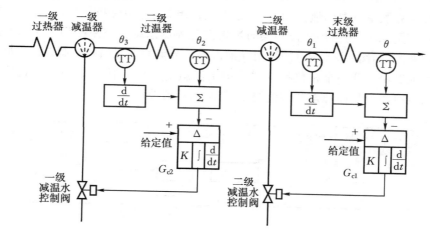

图 4.27　过热汽温分段控制系统基本结构

(2) 按温差控制的分段控制系统　如果二级过热器为辐射过热器,末级过热器为对流过热器,仍然采用图 4.27 所示的汽温分段控制系统,则会造成一级减温水量和二级减温水量随负荷的变化而发生较大的变化。例如负荷增加时,二级辐射式过热器出口汽温 θ_2 将会降低(由锅炉热负荷决定),为了保持 θ_2 不变,则必须减少一级喷水量。末级过热器为对流过热器,负荷增加时主蒸汽温度 θ 将增加,为

了保持 θ 为给定值,二级减温器必须加大喷水量。这样,一级减温器喷水量减少,二级减温器喷水量增加,造成各段过热器温度极不均匀,因此可以改用如图 4.28 所示的按温差控制喷水量。

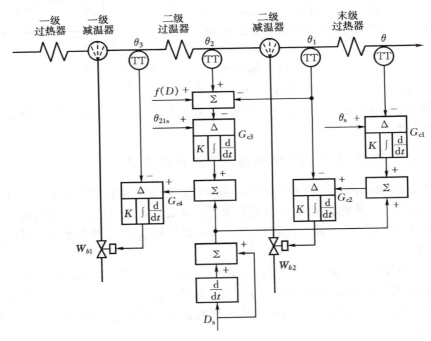

图 4.28　主蒸汽温度温差控制系统基本结构

按温差控制主汽温度系统的原理如下:

G_{c3} 控制器接受由加法器送出的温差信号 $(\theta_2-\theta_1)$, G_{c3} 的输出作为 G_{c4} 的给定值,形成串级控制系统,控制一级喷水减温器的喷水量 W_{b1},使进、出二级减温器的蒸汽温差随负荷而变化。控制器 G_{c3} 输入信号之和为 $\theta_{21s}-f(D)-(\theta_2-\theta_1)$。或者说 G_{c3} 输入信号的平衡方程为

$$\theta_2-\theta_1=\theta_{21s}-f(D) \tag{4.21}$$

式中: θ_{21s} 为二级喷水减温器入口与出口温差给定值; $f(D)$ 为根据蒸汽负荷 D 而变的温差给定值修正量。

当 $f(D)$ 为最简单的、随蒸汽负荷的增加而线性增加的函数关系时,根据式(4.21)可以画出温差 $(\theta_2-\theta_1)$ 随负荷变化的关系如图 4.29。当负荷增加时, $\theta_2-\theta_1=\theta_{21s}-f(D)$ 减小,这意味着一级喷水必须喷得更多一些,将二级过热器出口温度 θ_2 维持在较低值,使得 $(\theta_2-\theta_1)$ 减小。这就防止了负荷增加时一级喷水量的减少,二

级喷水量的大幅度增加,从而使一级和二级喷水量相差不大,各段过热器温度相对比较均匀。

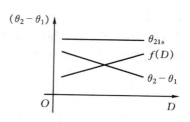

图 4.29 温差随负荷的变化关系

二级减温控制系统和一般串级汽温控制系统一样,主控制器 G_{c1} 主要维持主蒸汽温度 θ 在给定值上,G_{c2} 为副控制器,其给定值为主控制器 G_{c1} 的输出。

另外图 4.28 中有一个负荷指令前馈信号 D_s,而且采用了比例和微分特性,同时送入 G_{c2} 和 G_{c4} 控制器,其目的是为了在负荷变化时,及时调整喷水量以消除负荷侧扰动对主汽温的干扰。

4.2.5 600 MW 机组过热蒸汽温度控制系统

图 4.30、图 4.31 是某 600 MW 机组蒸汽过热温度控制系统原理图。过热汽温的控制采用两级喷水减温,一级减温布置在屏式过热器的入口;二级减温器布置在高温过热器的入口。通过控制一级、二级过热器喷水量,维持锅炉出口过热汽温在设定值。

锅炉的过热蒸汽系统设计为 A、B 两侧,也称甲、乙侧或左、右侧,两侧具有结构相同、相互独立的减温控制系统和喷水减温器,为了简明下面均以 A 侧为例进行分析说明。在该系统中,所有的蒸汽温度均有两个测量信号,正常情况下选择平均值信号。

1. 一级减温控制系统

图 4.30 是一级 A 侧减温控制系统图,采用串级控制原理,控制目的是维持 A 侧一级过热器出口的蒸汽温度在设定值上。一级过热器出口蒸汽温度的设定值由两部分组成:由蒸汽流量代表的锅炉负荷经函数发生器后给出基本设定值,运行人员可根据机组的实际运行工况在上述基本设定值基础上手动进行偏置。

2. 二级减温控制系统

图 4.31 是 A 侧二级减温控制系统图,其原理与一级减温控制基本相同,控制原理也是串级控制。控制目的是维持 A 侧二级过热器出口的蒸汽温度(主汽温)在设定值上。A 侧二级过热器出口蒸汽温度的设定值由运行人员手动给出。

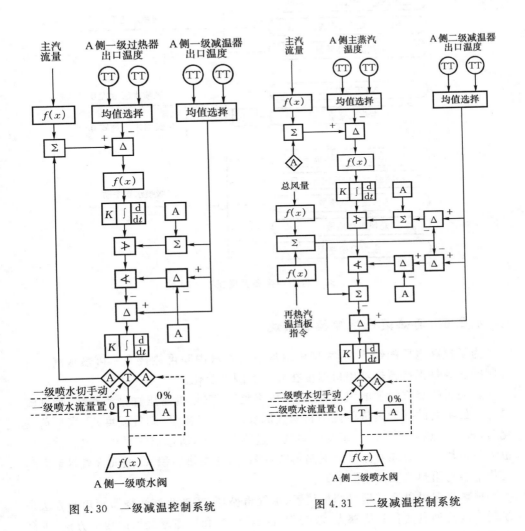

图 4.30　一级减温控制系统　　　　　　　图 4.31　二级减温控制系统

3. 手自动切换和逻辑保护

图 4.32 是简化了的过热汽温控制系统手自动切换和逻辑保护系统原理图。图中给出了一级减温控制系统、二级减温控制系统强制切手动的条件,以及一、二级喷水阀全关的条件。

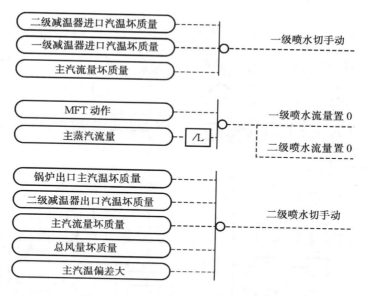

图 4.32　自动切换和逻辑保护原理图

4.2.6　再热蒸汽温度控制系统

为了提高电厂的经济性,大型机组均采用蒸汽中间再热技术。再热蒸汽温度控制的任务是保持再热器出口温度在允许范围内变化。

影响再热蒸汽温度的因素很多,如机组负荷、汽轮机高压缸排汽参数、烟气流量等。最主要的扰动是负荷扰动和烟气侧扰动(烟气流量、烟气温度)。当负荷变化时,进入再热器工质的状态变化幅度比过热蒸汽大,所造成的再热汽温波动幅度也大。再热器主要靠对流换热提高再热汽温,因此受热面积灰、烟气含氧量系数的变化都会对再热汽温产生影响。

再热汽温可以通过烟气挡板位置、烟气再循环、或者改变燃烧器倾角的方法来控制。这几种方法各有优缺点,改变烟气挡板位置和调整燃烧器倾角的方法,可靠性和经济性较高,控制系统的动态过程较快(滞后时间较小),对其它运行参数影响也比较小,被大多数再热汽温控制系统所采用。

再热汽温一般不采用喷水调温的方式。喷水会增加再热蒸汽流量,使汽轮机中、低压部分蒸汽流量增加,降低机组的热循环效率。但是调整烟气挡板位置和调整燃烧器倾角的控制方案中,都设计喷水减温作为一种辅助手段,或称事故减温器,当再热汽温超过极限值,调整烟气挡板或燃烧器倾角失效时,防止再热汽温超过极限值,起保护作用。

1. 采用烟气挡板控制再热汽温

图 4.33 是通过改变烟气挡板位置改变再热汽温的示意图。再热器工作汽压低,流量较小,一般布置在锅炉水平烟道和尾部烟道中,把锅炉尾部烟道分成主烟道和旁路烟道。主烟道布置低温再热器,旁路烟道布置低温过热器。两个烟道的挡板按相反方向联动。

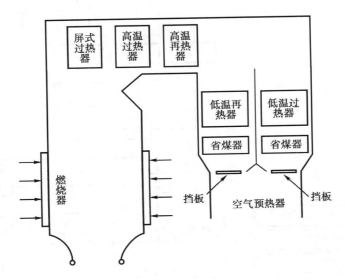

图 4.33　烟气挡板控制再热汽温示意图

图 4.34 是某 600 MW 机组采用烟气挡板控制再热汽温的控制系统。再热蒸汽温度的测量值与给定值的偏差经 PID 控制器并通过主蒸汽流量和总风量非线性校正后,分别控制低温再热器烟气挡板和低温过热器烟气挡板。当再热汽温超温时则由喷水控制汽温。切换逻辑用以协调二者的控制作用。

A 侧再热器出口蒸汽温度和 B 侧再热器出口蒸汽温度各有两个测量信号,正常情况下取 A、B 两侧的平均值作为被控量。烟气挡板控制为单回路控制系统,再热器出口蒸汽温度设定值由运行人员手动给出。再热器出口蒸汽温度设定值和实际值的偏差经 PID 控制器后再加上由蒸汽流量、总风量经函数发生器后形成的前馈信号分别作为再热和过热烟气挡板的控制指令。当再热蒸汽温度偏低时,低温再热器侧烟气档板向开大方向调整,低温过热器侧烟气档板向关闭方向调整;当再热蒸汽温度偏高时,低温再热器侧烟气挡板向关闭方向调整,低温过热器侧烟气挡板向开大方向调整。

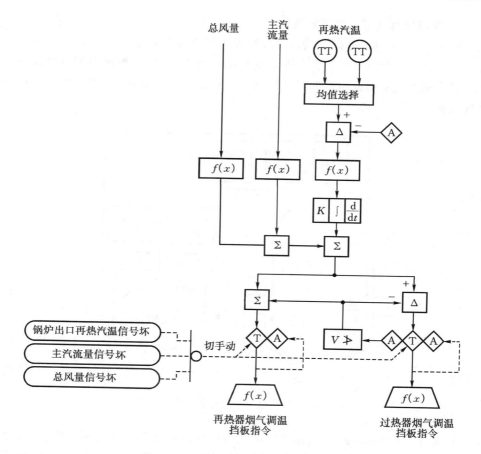

图 4.34　烟气挡板再热汽温控制系统

　　图 4.35 是事故状态下再热汽温喷水减温控制系统。A、B 侧再热器温度喷水控制结构完全相同。A 侧再热器出口蒸汽温度有两个测量信号,正常情况下取平均值作为 A 侧再热器温度喷水控制的被控量。再热器温度喷水控制为单回路控制系统,再热器出口蒸汽温度设定值根据机组负荷(蒸汽流量)确定。再热器出口蒸汽温度设定值和实际值的偏差经 PID 控制器后再加上前馈信号作为再热器减温水控制阀的控制指令。前馈信号由蒸汽流量经函数发生器后给出。

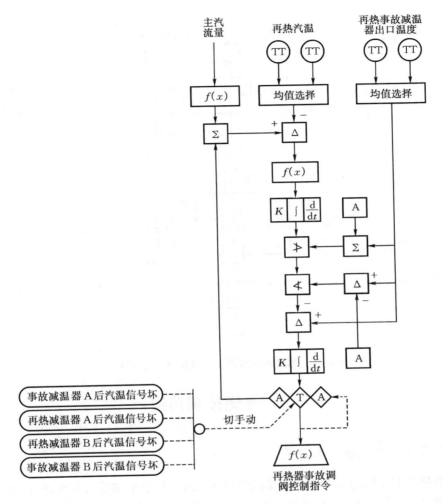

图 4.35　事故减温水再热汽温控制系统

2. 采用摆动燃烧器倾角控制再热汽温

图 4.36 是摆动燃烧器再热汽温控制系统原理图。系统中,采用送风量前馈信号以克服燃烧方面的扰动,即喷水控制的给定值是在再热汽温给定值的基础上叠加偏置值。喷水控制为串级系统,类似于过热汽温控制。燃烧器倾角控制为单回路控制系统。摆动燃烧器法控制再热汽温的范围及动态响应都比烟气挡板法好,一般应用在四角切圆燃烧方式的锅炉上。

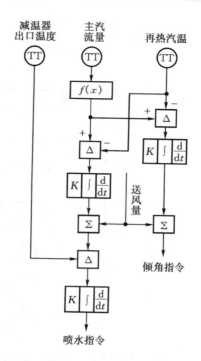

图 4.36　摆动燃烧器再热汽温控制系统原理图

4.3　燃烧控制系统

4.3.1　燃烧控制的任务

　　燃烧控制系统的基本任务是保证燃料燃烧提供的热量和蒸汽负荷的需求能量相平衡,同时保证锅炉安全经济运行。某台锅炉的具体燃烧控制任务,与该锅炉的运行方式、燃料种类、燃烧设备等因素有关,控制系统的控制方案也不尽相同。一般而言,锅炉燃烧控制系统的控制任务有以下几点。

　　1. 满足机组负荷需求,维持主汽压在允许范围

　　机组的能量输入是靠燃料的燃烧而提供的,所以锅炉燃烧控制系统应能尽快响应协调控制系统的负荷指令。机组主汽压的变化反映了锅炉与汽轮机间能量需求的平衡关系。维持主汽压在允许范围内变化,就保证了燃烧提供的热量与蒸汽负荷的平衡。对进入炉膛的燃料量进行控制,是满足机组能量平衡的控制手段。

2. 保证燃烧过程的经济性，减小对环境的污染

在保证锅炉、汽轮机能量需求平衡的前提下，燃烧控制系统的另一任务就是提高燃烧的经济效益，减少环境污染。即在改变燃料量的同时，及时对送风量进行控制，保证充分燃烧。烟气的含氧量系数 α 是衡量经济燃烧的一种指标。图 4.37 表明了 α 与燃烧能量损失的关系。由图可见，烟气含氧量过大。炉膛温度降低，排烟损失增大。烟气含氧量太小，则燃料不能充分燃烧。不同的燃料，含氧量有一个最高效率区。因此，保持合适的风煤比例是保证经济燃烧并减小污染的基本措施。锅炉运行中存在许多不确定因素，如测量信号不准确、燃料品质变化、锅炉负荷变化等，因此仅仅采用控制送风量和煤的比例是不够的。烟气中各种成份如 O_2、CO、CO_2 等基本上可以反映燃料燃烧的情况，因此，烟气中的含氧量常用来作为一种直接衡量经济燃烧的指标，用含氧量信号对风煤比例控制加以校正。

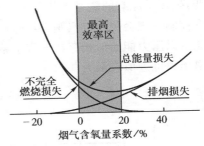

图 4.37　烟气含氧量系数 α
与能量损失的关系

3. 维持炉膛压力稳定

电站锅炉燃烧过程基本都为负压运行方式，维持炉膛负压的主要目的是保证运行人员和设备安全。

当炉膛出现正压时，炉内火焰和烟气会从炉膛四周的观察孔喷出，不仅危及运行人员和设备安全，还会污染环境。若炉膛负压过大时，又会造成大量冷空气进入炉膛，影响燃烧的经济性。一般采用引风量来控制炉膛压力。

锅炉燃烧控制的三项主要任务间既有联系，又有一定的独立性，一般用三个子系统来完成这三项任务，如图 4.38 所示。图中，主蒸汽压力 P_t、烟气含氧量系数 α、炉膛压力 P_f 是三个子系统的被控量，燃料量 B、送风量 V、引风量 Y 是三个子系统的控制变量。

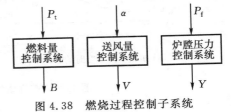

图 4.38　燃烧过程控制子系统

4.3.2　燃烧过程控制对象的动态特性

燃烧过程控制对象的动态特性主要是指各种扰动变量与主汽压之间的关系。影响主汽压变化的因素很多。发生在锅炉侧的扰动主要是燃烧率扰动，发生在负

荷侧的扰动主要是机组负荷。

1. 燃烧率扰动下锅炉主汽压动态特性

在燃料发热量不变,燃烧环境不变(送风量、引风量协调动作)的前提下,可以用燃料量来表示燃烧率。在发生燃烧率扰动时,可以从汽轮发电机组负荷不变和汽轮机调节阀开度不变两个方面分析燃烧过程动态特性特点。

(1)机组负荷不变,燃烧率扰动下主汽压动态特性　燃烧率变化而蒸汽负荷不变,破坏了原有的能量平衡关系。当燃烧率增加时,由于机组功率不变,汽轮机功率控制系统会关小进汽阀,阻止进汽量增加,如图 4.39(a)所示。锅炉燃烧增加的能量以压力能的形式存在于汽水系统中,这是一个无自平衡能力的控制对象,其传递函数可近似表示为

$$G_{\mathrm{p}}(s) = \frac{\varepsilon}{s} \mathrm{e}^{-\tau s} \qquad (4.22)$$

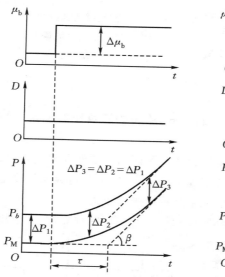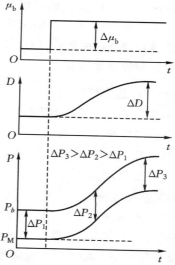

(a)机组负荷不变时的燃烧率扰动　　(b)汽轮机调节阀开度不变时的燃烧率扰动

图 4.39　燃烧率扰动下的汽压动态特性

(2)汽轮机调节阀开度不变,燃烧率扰动下汽压动态特性　这种情况下,锅炉蒸发量增加,主汽压上升,机组功率也逐渐上升,直至蒸汽负荷与锅炉蒸发量相平衡,汽压维持在一个新的平衡值,这种特性如图 4.39(b)所示,其传递函数可近似表示为

$$G_p(s) = \frac{K}{Ts+1}e^{-\tau s} \tag{4.23}$$

这是一个有自平衡能力,并具有迟延的对象。

2. 负荷扰动下主汽压动态特性

(1) 机组负荷扰动下主汽压动态特性　图 4.40(a)所示为蒸汽负荷阶跃增加、燃烧率不变时主汽压的变化曲线。当电网要求的功率变化时,汽轮机功频控制系统会不断改变汽轮机调节阀的开度,维持蒸汽负荷与机组功率的关系,形成这类扰动。扰动开始时,主汽压将有一个突然下降,由于锅炉燃烧产生的能量小于汽轮机需要的能量,锅炉的压力能被释放出来满足汽轮机的能量需求,因而汽包压力 P_b 持续下降,表现为积分特性的控制对象。其传递函数可写成

$$G_{P_b}(s) = -\frac{\varepsilon}{s} \tag{4.24}$$

主汽压 P_M 在突降后也持续下降,表现为比例与积分并联的特性,传递函数为

$$G_{P_M}(s) = -\left(K + \frac{\varepsilon}{s}\right) \tag{4.25}$$

式中:K 为表示过热器阻力的比例系数。这是一个无延迟、无自平衡能力的对象。

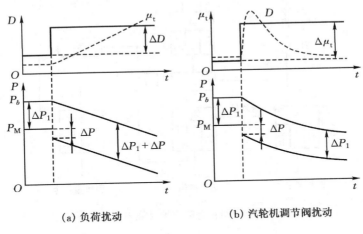

(a) 负荷扰动　　　　　　　(b) 汽轮机调节阀扰动

图 4.40　负荷扰动下的汽压动态特性

(2) 汽轮机调节阀扰动下,主汽压动态特性　调节阀门开度发生阶跃增加,而燃烧率保持不变时,汽压的变化曲线如图4.40(b)所示。由于锅炉燃烧率没有变化,蒸汽负荷 D 在扰动结束后又回到扰动前能量平衡的状态。在动态过程中,汽轮机确实比扰动前多输出了能量,这部分能量是由压力能提供的。汽包压力和主汽压控制对象的传递函数可表示为

$$G_{P_b}(s) = -\frac{K}{Ts+1} \qquad\qquad (4.26)$$

$$G_{P_M}(s) = -(K_1 + \frac{K_2}{Ts+1}) \qquad\qquad (4.27)$$

这是有自平衡能力特性的对象,式中,K、K_1、K_2 均为比例系数,它们与锅炉的蓄热能力、燃烧、传热过程的惯性大小、汽轮机调节阀放大系数、过热器阻力等有关。

4.3.3　燃烧控制系统的基本方案

燃烧过程的自动控制与机组运行方式及制粉系统的形式有密切关系,因此控制系统的组成也不相同。

1. 中储式煤粉炉燃烧控制系统

具有中间煤粉仓的单元机组,制粉系统与锅炉运行是相互独立的。燃烧控制系统不包括制粉系统,燃烧所需的煤粉直接来自煤粉仓。图 4.41 是中储式煤粉炉燃烧控制系统的组成原理图。

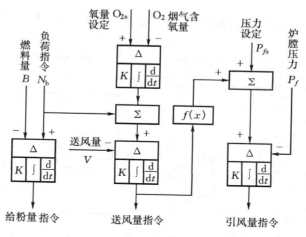

图 4.41　具有中间粉仓的锅炉燃烧控制系统原理图

系统由三个子系统构成,各子系统间由给定信号或前馈信号连成一体,相互协调工作。锅炉主控回路(第 3 章已介绍)根据机组的控制方式,由功率偏差、主汽压偏差运算而形成锅炉负荷指令 N_b。为了及时克服燃料量发生的自流、阻塞等扰动,燃料控制系统由锅炉主回路和燃料控制器构成串级控制系统,以保证送入锅炉的燃料量 B 与锅炉负荷指令相等。氧量控制器和送风控制器构成的串级送风控制系统,保证烟气含氧量 O_2 等于含氧量设定值 O_{2s},从而保证燃烧的经济性。炉膛压力控制系统由于控制对象惯性较小,采用单回路控制以保证炉膛压力 P_f 等

于设定值 P_{fs}。但炉膛压力控制子系统采用送风量指令作为前馈信号,对引风量进行超前控制,以改善系统的控制品质。整个系统以锅炉主控回路为核心,三个子系统都在主控回路的指挥下工作。

燃烧控制系统能否正常工作,其测量信号的准确性非常重要。送风量、炉膛压力的测量并不困难,虽然燃料量的测量技术有很大的突破,但要实时准确测量燃料量燃烧而产生的能量还相当困难,因而热量信号被广泛采用。

2. 热量信号

汽包锅炉的蒸发系统如图 4.42 所示。稳态时,蒸发系统贮存的热量不变,加入蒸发系统的热量等于饱和蒸汽带走的热量。蒸发系统贮存的热量为

$$Q_a = (M_w c_w + M_m c_m)\theta_b \tag{4.28}$$

式中:M_w, c_w 为蒸发系统中水的质量和比热容,

单位分别为 kg 和 kJ/(kg·K);M_m, c_m 为蒸发

系统中金属的质量和比热容,单位分别是 kg 和

kJ/(kg·K);θ_b 为汽包温度。

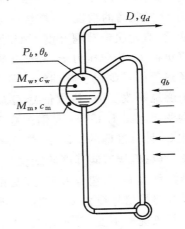

当燃料向蒸发系统提供的热流量 q_b(kJ/s)

发生变化时,蒸发系统的储存热量 Q_a 发生变

化,即加入蒸发系统的热流量 q_a(kJ/s)变化,蒸

汽所带走的热流量 q_d(kJ/s)也发生变化。这时

加入蒸发系统的热流量为

$$q_a = \frac{dQ_a}{dt} = (M_w c_w + M_m c_m)\frac{d\theta_b}{dt} \tag{4.29}$$

燃料向蒸发系统提供的热流量 q_b 等于蒸汽

带走的热流量与加入蒸发系统热流量之和。即

图 4.42　汽包锅炉蒸发系统

$$q_b = q_d + q_a = q_d + (M_w c_w + M_m c_m)\frac{d\theta_b}{dt} \tag{4.30}$$

由于汽包内的工质处于饱和状态,水的饱和温度和饱和压力具有一定的数学

关系,因此可以把 $\dfrac{d\theta_b}{dt}$ 写成

$$\frac{d\theta_b}{dt} = \frac{d\theta_b}{dP_b}\frac{dP_b}{dt}$$

再令 $C_k = (M_w C_w + M_m C_m)\dfrac{d\theta_b}{dP_b}$,可得

$$q_b = q_d + C_k\frac{dP_b}{dt} \tag{4.31}$$

式中:C_k 称为锅炉的蓄热系数,对于一定的锅炉是常数。

　　实际上,式(4.31)中的 q_b、q_d 是以热量表示的燃料流量 $Q(kJ/s)$ 和蒸汽流量 $D(kJ/s)$,可以写成

$$Q = D + C_k \frac{dP_b}{dt} \qquad\qquad (4.32)$$

　　式(4.32)称为热量信号。热量信号 Q 由锅炉蒸发量 D 代表的热量和汽包压力的变化率 $\frac{dP_b}{dt}$ 组合而成。热量信号间接地表示燃料提供给蒸发系统的热量。

　　虽然热量信号是用蒸汽流量表示的蒸汽热量,但热量信号只反映燃烧率的变化而不反映蒸汽流量的变化。图 4.43(a) 是锅炉蓄热系数 C_k 计算准确的情况下,燃烧率阶跃变化,汽轮机调节阀开度不变时,蒸汽负荷 D、汽包压力 P_b 和变化率及其热量信号 Q 的变化曲线。即当锅炉燃烧率改变时,热量信号 Q 成比例变化。图 4.43(b) 是锅炉蓄热系数 C_k 计算准确的情况下,燃烧率不变,汽轮机调节阀开度阶跃变化时,蒸汽负荷 D、汽包压力 P_b 和变化率及其热量信号 Q 的变化曲线。即当炉膛燃烧率不变,热量信号 Q 不会发生变化,或者说蒸汽流量 D 的变化被汽包压力 P_b 的变化所抵消。

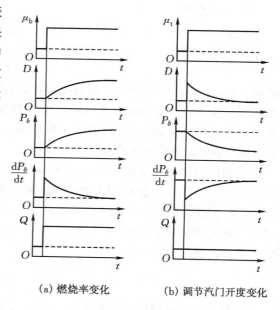

　　(a) 燃烧率变化　　　　　(b) 调节汽门开度变化

图 4.43　热量信号的阶跃响应曲线

　　在应用热量信号时,应认真确定蓄热系数 C_k,使蒸汽流量代表的热量变化和汽包压力变化引起的热量变化恰当配合,两者之和只反映燃烧率的变化。

　　蓄热系数 C_k 可以根据下述原则求出:当锅炉燃烧率不变而蒸汽负荷改变时,虽然蒸汽流量 D 和汽包压力都发生变化,热量信号 Q 不应变化,用公式表示为

$$\Delta D + C_k \frac{dP_b}{dt} = 0$$

或

$$\Delta D dt = -C_k dP_b \qquad\qquad (4.33)$$

该式表示了负荷改变时,蒸汽流量改变与汽包压力变化的关系,对该式从 t_0 到 t_1 进行积分,得

$$\int_{t_0}^{t_1} \Delta D \mathrm{d}t = - C_k [P_b(t_1) - P_b(t_0)] \tag{4.34}$$

因此

$$C_k = \frac{\int_{t_0}^{t_1} \Delta D \mathrm{d}t}{P_b(t_0) - P_b(t_1)} \tag{4.35}$$

式中：$P_b(t_0) - P_b(t_1)$ 是从 t_0 到 t_1 时间内汽包压力 P_b 的变化量；$\int_{t_0}^{t_1} \Delta D \mathrm{d}t$ 是从 t_0 到 t_1 时间内蒸汽流量变化的累计，也就是由于汽包压力 P_b 变化 $P_b(t_0) - P_b(t_1)$ 而引起的热量的变化量。

　　根据上述原则可以用试验方法求出 C_k 的数值。在保持锅炉燃烧率不变的情况下，使负荷作任意变动，记录蒸汽流量 D 和汽包压力 P_b 的变化曲线，如图 4.44 所示。

从图上可以求出面积 $A = \int_{t_0}^{t_1} \Delta D \mathrm{d}t$，也就是由于汽包压力 P_b 变化 $\Delta P_b = P_b(t_0) - P_b(t_1)$ 而释放出来的蒸汽质量。求得面积 A 后，可计算 C_k

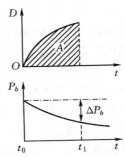

图 4.44　燃烧率不变时，负荷扰动下 D 和 P_b 响应曲线

$$C_k = \frac{\int_{t_0}^{t_1} \Delta D \mathrm{d}t}{P_b(t_0) - P_b(t_1)} = \frac{A}{\Delta P_b}$$

C_k 的物理意义是汽包压力的单位变化量所引起的锅炉蒸汽流量变化量。

　　在组成热量信号时，汽包压力 P_b 的理想变化速度 $\dfrac{\mathrm{d}P_b}{\mathrm{d}t}$〔用运算子表示时为 $s(P_b)$〕是测量不到的，所能测得的是带有惯性的速度信号〔用运算子表示为 $\dfrac{s}{1+Ts}(P_b)$〕。这样组成的热量信号为 $Q_1 = D + C_k \dfrac{s}{1+Ts}(P_b)$，而不是 $Q = D + C_k s(P_b)$。因此在燃烧率不变而负荷变化时，热量信号 Q_1 在动态过程中将有所变化（理想热量信号 Q 不变化）。则 Q_1 不能仅仅反映燃烧率的变化。为了解决这个问题，可以在热量信号 Q_1 中再加入一个蒸汽流量 D 的实际微分信号，组成一种改进的实际热量信号 Q_2，即

$$Q_2 = D + C_k \frac{s}{1+Ts}(P_b) - \frac{Ts}{1+Ts}(D)$$

$$= \frac{1}{1+Ts}[D + C_k s(P_b)] = \frac{1}{1+Ts}[Q] \tag{4.36}$$

式中：T 为测量汽包压力变化速度元件的时间常数。

　　从式（4.36）可以看出，实际热量信号 Q_2 是理想热量信号 Q 经过一个惯性环

节后的信号。因此除 Q_2 比 Q 反应稍慢之外, Q_2 基本正确地反映了燃烧率变化的情况。

热量信号反映的是燃烧率,它不仅反映出燃料量数量的变化,也反映出燃料在质量方面的变化。因此热量信号比燃料量信号更准确地反映了燃烧率。

3. 直吹式煤粉炉燃烧控制系统

现代大型机组都采用直吹式燃烧系统。直吹式煤粉炉的制粉控制系统是燃烧控制系统的一个组成部分。由于制粉系统存在较大的惯性和时间延迟,使锅炉对负荷响应的快速性变差。为了应对这一特点,直吹式锅炉在改变负荷时,往往采用及时改变一次风量,利用制粉系统现有蓄粉量来满足锅炉负荷需求的应急措施,同时改变进入磨煤机的原煤量。由于磨煤机不同,蓄粉能力不同,因而直吹式锅炉的燃烧控制系统在结构上也不尽相同。其主要区别在燃料控制子系统上,而送风、炉膛压力控制系统基本相同。

(1) 锅炉负荷指令/一次风量/燃料量控制　图 4.45 是直吹式锅炉负荷指令/一次风量/燃料量控制的原理图。锅炉主控回路的负荷指令作为一次总风量的给定值,所有运行磨煤机的一次风量总合为一次总风量。一次风压差信号作为各台磨煤机煤量控制回路的给定值,和代表磨煤机给煤量的磨煤机进出口压差 ΔP_M 形成偏差信号,作为煤量控制器的输入。这种控制系统根据锅炉负荷指令先调整一次风量,然后按照一次风量与给煤量的配比关系调整给煤机转速,改变给煤量,即锅炉负荷指令/一次风量/燃料量控制方案。

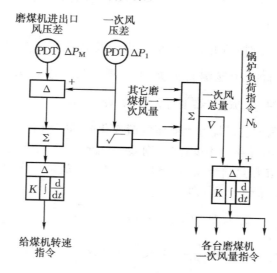

图 4.45　锅炉负荷指令/一次风量/燃料量控制方案

这种控制方案的优点是负荷响应速度快,当锅炉负荷指令变化时,立即改变一次风量,可以迅速带出磨煤机中的存储粉量,达到快速响应负荷指令的目的。该控制方案的不足是,当发生一次风量侧的扰动时,将对燃料量产生扰动,特别是磨煤机出口温度控制系统会对一次风量形成经常性的扰动,这对燃料量的扰动也是经常的。另一方面,该控制方案将一次风量控制和燃料量控制合成一个系统,系统变得稍微复杂。

(2)锅炉负荷指令/燃料量/一次风量控制　直吹式锅炉燃烧控制系统也可以设计成如图 4.46 所示的方案。这种先调整给煤量,再调整一次风量的系统也称为锅炉负荷指令/燃料量/一次风量控制方案。该方案按照由锅炉负荷指令所形成的给煤量指令直接控制给煤量;然后按照一次风量与给煤量的配比关系通过一次风量控制回路控制一次风量,同时采用微分环节使一次风量产生动态超调,这样当要求增加负荷时,可以及时将磨煤机中存储的煤粉吹进炉膛,实现快速适应负荷变化的需要。相反,在减负荷的过程中,为防止实际一次风量小于给煤量所需要的一次风量,从燃料量控制器的输出和一次风量信号之间选择小值,作为给煤

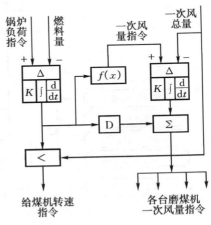

图 4.46　锅炉负荷指令/燃料量/
一次风量控制方案

机转速指令信号。这样可以防止由于一次风量相对较少而发生堵煤的问题。

4.3.4　600 MW 机组锅炉燃烧控制系统

下面介绍的 600 MW 机组锅炉配备六台磨煤机、两台离心式一次风机、两台动叶可调轴流送风机(二次风机)、两台静叶可调轴流引风机。为使这些设备能协调工作,保证锅炉燃烧过程的经济性和安全性,配备了完善的控制系统。这里给出一次风压控制、燃料量主控、磨煤机控制、送风量控制和炉膛压力控制系统。

1. 一次风压力控制

一次风压力控制系统如图 4.47 所示。一次风母管压力控制为单回路控制系统,通过控制一次风机的入口导叶维持一次风母管压力为设定值。由主蒸汽流量代表的锅炉负荷经函数发生器后给出该负荷下一次风母管压力的基本设定值,运行人员可根据机组的实际运行工况在此基本设定值基础上手动进行偏置。一次风母管压力信号有两个测点,正常情况下选取平均值。

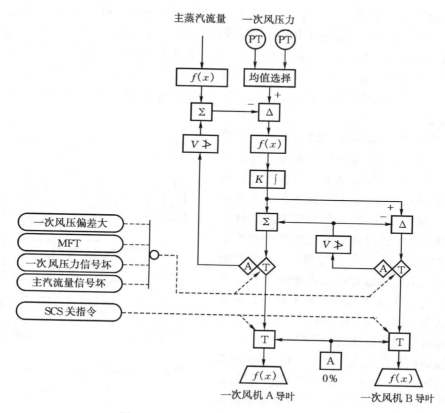

图 4.47　600 MW 机组一次风压控制系统

　　一次风母管压力与其设定值的偏差经 PID 控制器后作为一次风机入口导叶的指令。当两台一次风机入口导叶控制站都在自动控制方式时,可对两台一次风机入口导叶的开度指令进行偏置,以使两台一次风机的出力平衡。

　　当顺控系统(SCS)发出"开 A(或 B)一次风机入口导叶"信号时,一次风机 A(或 B)入口导叶控制站将强制输出至定值;当顺控系统来"关闭 A(或 B)一次风机入口导叶"信号时,一次风机 A(或 B)入口导叶控制站将强制输出 0%。

2. 燃料量控制主系统

　　燃料量主控制系统根据机组的锅炉负荷指令控制进入锅炉的总煤量,控制系统如图 4.48 所示。系统设计有锅炉负荷指令和总风量信号的交叉限制功能。燃料主控制器的入口偏差是总燃料量信号与限制后锅炉负荷指令差值。

　　限制后锅炉负荷指令由小值选择模块产生。小值选择模块的一路输入来自协调控制系统的锅炉主控器,它经过给水温度的修正;另一路输入来自送风控制系统的总风量信号经函数发生器给出当前风量允许的最大总燃料量。送风量信号和锅炉负荷指令形成的总燃料量指令交叉限制，当因某种原因导致总风量允许的最大总燃料量小于锅炉负荷指令形成的总燃料量时，限制总燃料量指令的增加，以确保任何工况下锅炉的富氧燃烧。总燃料量信号是进入锅炉燃烧的总燃油流量和总煤量信号之和。

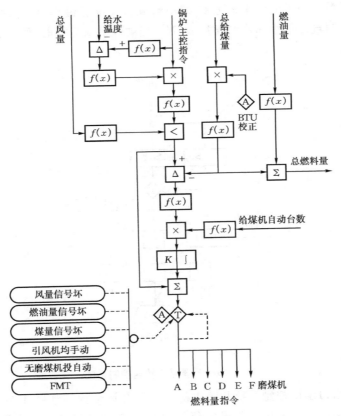

图 4.48　600 MW 机组燃料量控制主系统

　　燃料主控回路形成的燃料量指令，送到各台给煤机转速控制回路。当燃料主控操作站在手动控制时，可对投入自动的给煤机转速同时进行增减操作。

3. 磨煤机组控制
　　磨煤机控制将一台磨煤机组的控制作为一个整体来考虑，包括给煤机速度控制、磨煤机出口温度控制、磨煤机入口混合风量控制。机组共配置 A、B、C、D、E 和 F 六台磨煤机，每台磨煤机组的控制系统结构相同、互相独立。通过控制给煤机速度使给煤量满足燃料量的要求,通过控制磨煤机热风门和冷风门开度调整磨煤机出口温度,通过控制磨煤机入口混合风控制门控制磨煤机入口混合风量。

给煤机转速控制系统如图 4.49 所示。燃料主启指令来自燃料量主控回路,运行人员可在上述指令基础上手动设定偏置。当给煤机转速在自动控制时,才允许运行人员设置偏置值。并具有给煤量指令和磨煤机风量交叉限辐控制,以保证风量大于给煤量。当 FSSS 系统发来"减小给煤机速度至最小"信号时,给煤机速度操作站将强制输出最小允许给煤量 MIN。当磨煤机未运行时,给煤机转速操作站将强制输出 0%。

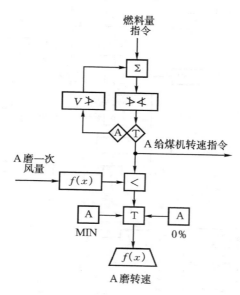

图 4.49　A 磨煤机转速控制系统

磨煤机出口温度控制系统和磨煤机入口混合风量控制如图 4.50 所示。磨煤机出口温度和运行人员设定的设定值偏差经 PID 控制器后形成磨煤机入口冷风挡板开度和磨煤机入口热风挡板开度指令。给煤机转速指令为前馈信号。给煤机转速指令经运行人员偏置修正,与给煤机煤量通过大值选择,作为一次风量给定值;该定值与磨煤机一次风量的实测值形成偏差,作为混合风量控制器的输入信号。当 FSSS 系统来"开磨煤机入口热风挡板"信号时,磨煤机入口热风挡板操作站将强制输出 100%。当 FSSS 系统来"开磨煤机入口冷风挡板"信号时,磨煤机入口冷风挡板操作站将强制输出 100%。磨煤机出口温度高时,磨煤机入口热风挡板全关,磨煤机入口冷风挡板全开。

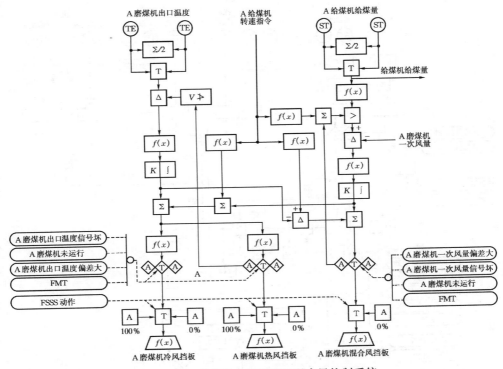

图 4.50　A 磨煤机出口温度和混合风控制系统

4. 送风控制

送风控制系统如图 4.51 所示,通过控制送风机的动叶维持锅炉总风量为设定值。系统根据总风量和总风量设定值的偏差形成送风机动叶的控制指令。总风量设定值经过氧量校正控制站输出信号的校正。设计有总风量设定值与总燃料量信号之间的交叉限制,以确保锅炉的富氧燃烧。当两台送风机动叶控制站都在自动控制方式时,可对两台送风机动叶进行偏置,以使两台送风机的出力平衡。

送风控制为带氧量校正的串级控制系统。总风量是总二次风流量和总一次风流量之和,各个风量测量信号均经过相应温度和压力校正。

由主蒸汽流量代表的锅炉负荷经函数发生器后给出随负荷而不同的烟气含氧量基本设定值,运行人员可根据机组的实际运行工况在上述基本设定值基础上手动进行偏置。

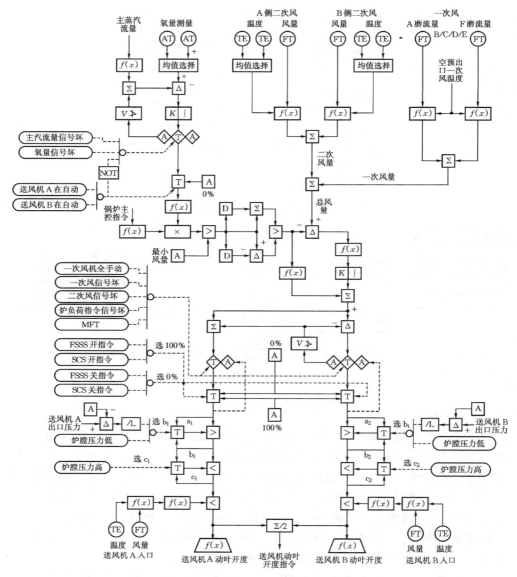

图 4.51　600 MW 机组送风控制系统

　　经各自选择后的左、右侧烟气含氧量信号取平均值作为烟气含氧量信号。氧量校正控制站的输出经函数发生器后对总风量指令进行校正。校正后的信号和最小风量信号、总燃料量信号经大选后作为总风量设定值。

总风量信号和其设定值的偏差经总风量 PID 控制器后作为两台送风机的指令。设计中考虑了炉膛压力偏差过大时对送风机的方向闭锁，当炉膛压力过低时，送风机动叶只许开大，不许关小；当炉膛压力过高时，送风机动叶只许关小，不许开大。

当顺控系统（SCS）来"开 A（或 B）送风机动叶"信号时，送风机 A（或 B）动叶控制站将强制输出至定值；当顺控系统来"关闭 A（或 B）送风机动叶"信号时，送风机 A（或 B）动叶控制站将强制输出 0%。

5. 炉膛压力控制

炉膛压力控制系统如图 4.52 所示，通过控制引风机的静叶维持炉膛压力在设定值。系统根据炉膛压力与其设定值的偏差给出两台引风机静叶的控制指令。设计有送风机动叶开度指令对引风控制的前馈信号，以及 MFT 时的超驰信号。当两台引风机静叶控制站都在自动控制方式时，可对两台引风机的开度指令进行偏置，以使两台引风机的出力平衡。

炉膛压力信号有三个测点，正常情况下选取中值。炉膛压力设定值由运行人员在操作员站上手动设定。

设计中考虑了炉膛压力偏差过大时对引风机的方向闭锁，当炉膛压力过高时，引风机静叶只许开大，不许关小；当炉膛压力过低时，引风机静叶只许关小，不许开大。

在两台引风机静叶控制指令的输出端，还加了一个引风机超驰信号，当锅炉发生 MFT 工况时，根据由主汽流量代表的 MFT 动作前的锅炉负荷水平，强制关小引风机静叶一定值（该值与 MFT 动作前的锅炉负荷水平有关），该超驰信号的目的主要是为了炉膛压力控制系统尽量补偿 MFT 动作时因炉膛灭火而导致的炉膛压力下降太多。超驰信号不管引风机静叶控制站在自动方式还是在手动方式都起作用。

当顺控系统来"开 A（或 B）引风机静叶"信号时，引风机 A（或 B）静叶控制站将强制输出至定值；当顺控系统来"关闭 A（或 B）引风机静叶"信号时，引风机 A（或 B）静叶控制站将强制输出 0%。

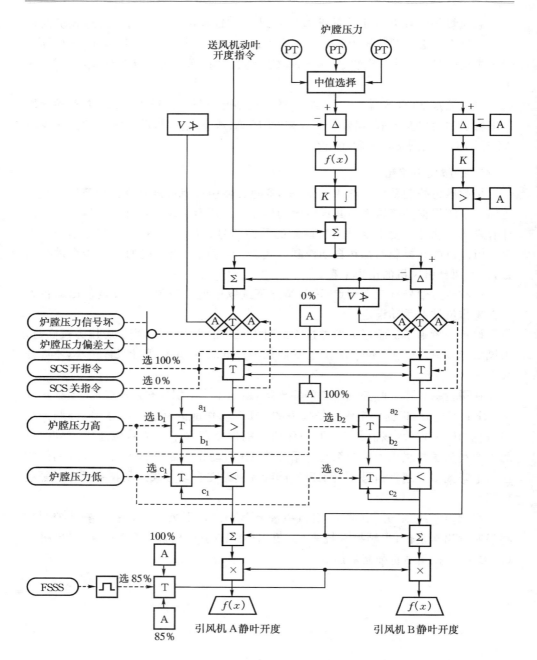

图 4.52　600 MW 机组炉膛压力控制系统

4.4　直流锅炉的自动控制系统

前面介绍了汽包锅炉的给水、汽温、燃烧控制系统。现代超临界、超超临界机组都是直流锅炉。有了前面的基础,本节简单介绍一下直流锅炉的控制特点。

4.4.1　直流锅炉的控制特点

直流锅炉没有汽包,没有保持汽包水位控制任务,但也应保持给水流量等于蒸发量。也正是由于没有汽包,直流锅炉与汽包锅炉的自动控制系统就有所不同,直流锅炉的控制任务如下:

① 使锅炉的蒸发量适应负荷的需要或等于给定负荷;

② 保持主蒸汽压力在一定范围内;

③ 保持过热蒸汽温度和再热蒸汽温度在一定范围内;

④ 保证燃烧过程的经济性;

⑤ 保证炉膛压力在一定范围内。

汽包是汽包锅炉水汽通道中的缓冲容器,同时把锅炉给水加热段(省煤器)、蒸发段(水循环管路)和过热段明确分开,使各受热面固定不变,其汽水系统如图4.53所示。锅炉的蒸发量 D 决定于加热受热面的吸热量 q_1 和蒸发受热面的吸热量 q_2,与给水流量无关。汽包水位是反映给水流量和蒸汽流量之间物质平衡的标志。因此给水控制保证工质平衡,燃烧控制保证能量平衡,这两个控制系统相对独立。

汽包锅炉中燃烧率的改变对过热汽温的影响比较小。当燃烧率改变时,加热和蒸发受热面的吸热量($q_1 + q_2$)及过热受热面的吸热量 q_3 都相应改变,稳态时过热汽温变化不大。因此主汽温控制与燃烧率控制基本上也是独立的。由于燃烧率改变时对汽温影响较小,用喷水减温控制汽温时,喷水量的变化范围也比较小。所以汽包锅炉的给水控制、燃烧控制和汽温控制可以看作是相对独立的。

直流锅炉的汽水系统如图 4.54 所示。直流锅炉中给水到过热蒸汽一次完成,锅炉的蒸发量 D 不仅决定于燃烧率,同时也决定于给水流量 W。当给水量与燃烧率的比例改变时,锅炉各段受热面的分界面移动。例如当给水量不变而燃烧率增加时,蒸发段与过热段分界向前移动(加热和蒸发的受热面减少,过热面增加),所增加的能量全部用作加热蒸汽,导致汽温剧烈上升。因此为了满足负荷变化的需要,给水控制和燃烧控制必须协调动作。一般而言,燃烧率和给水流量的比例变化1%,会使过热蒸汽温度变化约 10 ℃。所以直流锅炉控制汽温的根本手段是使燃烧率和给水流量成适当比例。应该指出喷水量的改变能迅速地改变汽温,因而在直流锅炉中也采用喷水减温作为控制汽温的手段,但是不能依靠喷水作为控制汽温的主要手段。在稳态时,必须使燃烧率和给水流量保持适当比例;而使喷水量维持设计时的数值(保持适当的喷水),以便在动态过程中喷水量可以增加或减少,有效地、暂时地改变汽温。

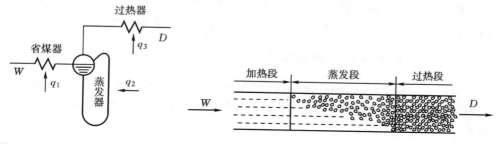

图 4.53　汽包锅炉的汽水系统示意图　　　　　图 4.54　直流锅炉汽水通道示意图

由以上分析可知,直流锅炉的给水控制、燃烧控制和汽温控制不能像汽包锅炉那样相对独立,而必须协调一致地动作,这是直流锅炉控制的主要特点。因此直流锅炉自动控制系统中,当锅炉负荷指令改变时,应使给水量和燃烧率(包括燃料、送风、引风)同时协调变化,以适应负荷需要,维持汽温基本不变;锅炉负荷指令不变时,则应及时消除给水量和燃烧侧内扰,以稳定负荷和汽温。

此外,直流锅炉内工质的贮量比汽包锅炉少得多,从给水到过热蒸汽的管道是连续的,因此在动态特性方面也有它的特点。

4.4.2　直流锅炉的动态特性

直流锅炉是一个典型的多输入多输出控制对象。从设计自动控制系统的角度来分析,主要的被控量是主汽温、主汽压和蒸汽流量(负荷)。主要扰动(引起主汽温、主汽压和蒸汽量变化的主要原因)为给水量、燃烧率和负荷。下面从各扰动量单独作用下各被控量的响应,分析直流锅炉动态特性的特点。应该注意的是不同结构的直流锅炉,特别是有分离器和没有分离器的直流锅炉,其动态特性各不相同,下面都以无分离器的直流锅炉为对象进行讨论。

1. 汽轮机调节阀扰动下的动态特性

汽轮机调节阀的扰动,对直流锅炉是一种典型的负荷扰动,当其它输入量(给水、燃烧率、喷水等)都保持不变时,则汽轮机调节阀阶跃变化时有关输出量的响应曲线如图 4.55 所示。

当调节阀 u_t 阶跃开大时,蒸汽量 D 和机组功率 N_e 立即增加,随后便逐渐减少并恢复为起始值 D_0 和 N_{e0}。这一点与汽包炉相似,主汽压 P_M 起始跃变的大小与蒸汽流量和测点位置都有关。如果汽压的测量点在锅炉过热器出口（锅炉出口汽压），则当汽轮机调节阀阶跃变化时，锅炉出口汽压并不呈现跃变而是以较快速度变化；如果汽压的测量点在汽轮机进口（机前压力），则当汽轮机调节阀阶跃变化时，机前压力起始时才呈现跃变，如图 4.55 所示。蒸汽流量 D 和机组功率 N_e 的暂时增加是由于主汽压的下降而释放的锅炉蓄热。锅炉的蓄热系数 C_k，可从图 4.55 上蒸汽流量 D 曲线下的阴影面积 A 和压力降落值 ΔP 算出，$C_k = A/\Delta P$。

　　直流锅炉的蓄热系数是同容量汽包锅炉蓄热系数的 $\frac{1}{5} \sim \frac{1}{8}$。因此在负荷扰动下，直流锅炉的汽压变化要比汽包锅炉大得多。当调节阀开度阶跃扰动时，过热汽温基本上保持不变，这是由于该扰动作用下，给水流量和燃烧率的比例没有变化，因而主汽温就基本上保持不变，这是直流锅炉运行中的一个主要特点。

2. 燃烧率扰动下的动态特性

　　当其它输入量（给水、喷水、汽轮机调节阀）都保持不变时，燃烧率阶跃扰动下的响应曲线如图 4.56 所示。

　　当燃烧率阶跃增加时，由于加热段和蒸发段吸热量的增加使部分贮水变为蒸汽。即燃烧率扰动后的一段时间内，蒸汽流量 D 会暂时向增加方向变化。由于给水量保持不变，蒸汽流量 D 最后仍回复到原来的数值。过热汽温 θ 则经过一段较长的迟延时间（约 300 s）后上升，最后稳定于较高的值上（燃烧率增加 1%，过热汽温 θ 上升约 10 ℃）。主汽压 P_M 和机组功率 N_e 也因汽温的上升而最后稳定于较高的数值。在动态过程中，主汽压 P_M 和功率 N_e 的变化与一般多容对象有些不同，可能出现小的波动。这是因为主汽压和功率在动态过程中既受燃烧率的影响又受蒸汽流量的影响。例如当燃烧率增加时，开始由于一部分贮水变成蒸汽，蒸汽流量有所增加，从而使主汽压和功率增加。但当主汽压升高，而锅炉增加蓄能时，燃烧提供的热量部分储蓄在锅炉内，因而使蒸汽流量反而低于扰动前的数值，此时主汽压和功率上升很慢（也可能下降），等到锅炉内蓄热量接近于平衡，蒸汽流量与给水流量基本相等后，燃烧提供的热量主要用于升高蒸汽的温度，于是汽压和功率逐渐上升到与燃烧率相应的数值。主汽压 P_M、功率 N_e 和蒸汽流量 D 响应曲线的形状与直流锅炉的结构有关，对于不同的直流锅炉可能有不同的形状。

　　在燃烧率扰动下，主汽温的响应迟延大且变化幅度也大：据某些直流炉的测试，迟延时间 $\tau = 250 \sim 300$ s，$\tau/T_c = 0.5 \sim 1.0$，燃烧率改变 1%，汽温变化幅度 $\Delta\theta \approx 10$ ℃，而过渡区出口处的微过热汽温 θ_1 的迟延较小，$\tau = 50 \sim 100$ s。

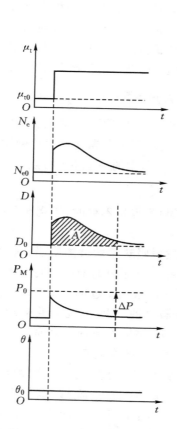

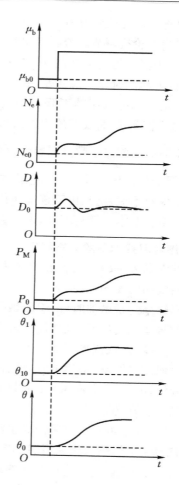

图 4.55　汽轮机调节阀阶跃扰动下
直流锅炉的响应曲线

图 4.56　燃烧率阶跃扰动下
直流锅炉的响应曲线

3. 给水量扰动下的动态特性

给水流量是直流锅炉的另一个主要控制作用量。当燃烧率、喷水量、汽轮机调节阀都保持不变,给水流量阶跃变化时,各主要参数的响应曲线如图 4.57 所示。

给水流量 W 阶跃增加的开始一段时间内,蒸汽流量 D、主汽压 P_M、机组功率 N_e 几乎没有迟延地开始增加。此后,虽然蒸汽轮流量与扰动前相比有所增加,但由于燃烧提供的热量未改变,蒸汽流量的增加使汽轮机排汽带走的热量增加,因而功率 N_e 有所减小,主汽压也回落到略高于扰动前的值上。由于加热、蒸发及过热各段受热面的变化,锅炉储蓄工质及能量的变化,蒸汽流量 D、主汽压 P_M 和功率

N_e 的响应过程也可能呈现波动,这与直流锅炉的具体结构有关。过热汽温 θ 经一段较长的迟延时间(约 300~350 s)后下降并稳定在较低的值上(给水量增加 1%,过热汽温下降约 10 ℃)。在给水量扰动下,过热汽温的响应特点与燃烧率扰动时相比较,具有较大的迟延和较大的变化幅度。过渡区出口处的微过热汽温 θ_1 的迟延时间和燃烧扰动时差不多。

从以上可以看出,直流锅炉动态特性具有如下特点。

① 蒸汽负荷扰动时,主汽压 P_M 的变化没有迟延,变化快(负荷扰动开始,可能有一个起始跃变)且变化幅度较大(与汽包锅炉相比)。

② 单独改变燃烧率或给水流量时,动态过程中主汽温、主汽压、蒸汽流量、机组功率都有较大的变化。单独改变燃烧率时,最终不能改变蒸汽流量,但可使主汽温发生变化,从而引起主汽压和机组功率改变。单独改变给水量时,只能暂时地改变主汽压和机组功率,最后虽能改变蒸汽流量,但是由于汽温的反方向变化而使主汽压和机组功率变化很小。

③ 燃烧率、给水量扰动时,主汽温动态特性具有较长的迟延时间和较大变化幅度。如果等到汽温已经变化后再用改变燃烧率或给水量的手段进行控制,必然会引起主汽温大幅度的变化。因此,为了使汽温变化幅度较小,必须使燃烧率和给水量同时协调变化。

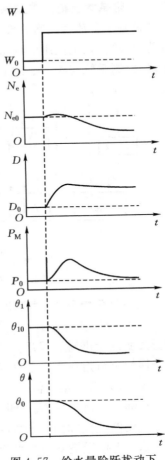

图 4.57　给水量阶跃扰动下
直流锅炉的响应曲线

④ 过渡区出口的微过热汽温 θ_1 与过热汽温 θ 相比,能较快地反映燃烧率或给水量的变化。因此可以用微过热汽温 θ_1 作为检查燃烧率和给水流量比例关系是否恰当的信号。

4.4.3　直流锅炉的自动控制系统

直流锅炉都组成单元机组运行。单元机组在电网中运行时,可分为带基本负荷和带变动负荷两种运行方式。

1. 带基本负荷的直流锅炉自动控制系统方案

带基本负荷直流锅炉自动控制系统的基本方案如图 4.58 所示。这是锅炉调负荷、汽轮机调主汽压的汽轮机跟随锅炉控制方式。过热汽温喷水控制作为辅助手段,控制系统与 4.2 节讨论的汽包锅炉主汽温控制系统完全一样。

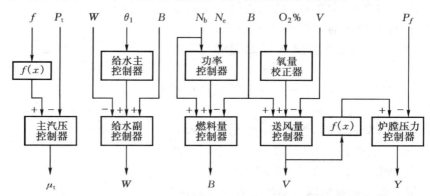

图 4.58　带基本负荷的直流锅炉自动控制系统

锅炉负荷指令 N_b 由锅炉主控制回路送出或由运行人员给定。当锅炉负荷指令 N_b 改变时,燃料量 B 与锅炉负荷指令成比例变化。主汽压改变后,由主汽压控制器改变汽轮机调节阀开度,以改变机组功率 N_e。控制过程结束后,机组功率 N_e 等于锅炉负荷指令 N_b,主汽压恢复至给定值,微过热汽温 θ_1,烟气含氧量 $O_2\%$,炉膛负压 P_f 均等于给定值。

在锅炉负荷指令 N_b 变化后的动态过程中,燃料量 B 迅速与锅炉负荷指令 N_b 成适当比例,给水量 W 与燃料量 B,送风量 V 与燃料量 B 都迅速成适当比例,以便能基本上使燃烧率与给水量协调变化,适应锅炉负荷指令的变化。烟气含氧量与给定值的偏差校正送风量,用微过热汽温与给定值的偏差校正给水量,用机组实测功率与锅炉负荷指令的偏差校正燃料量。这些校正动作都应当缓慢地进行,以减少对其它参数的影响。微过热汽温 θ_1 的给定值、烟气含氧量 $O_2\%$ 的给定值,都应随机组负荷的不同而适当变化。

锅炉负荷指令不变时,燃料量、送风量、给水量都能由相应的控制器消除自发扰动而保持不变。电网频率变化时,汽轮机调速系统的动作,将改变汽轮机调节阀的开度,因而使控制系统发生不必要的动作,并使主汽压和机组功率产生波动。

为了减少或消除电网频率变化时对主汽压和机组功率的影响,在汽压控制器中引入电网频率 f 的动态校正信号,使电网频率变化时,汽轮机调节阀不动作。

从控制系统正常工作的要求看,机组功率信号 N_e 应该只反映锅炉提供的能量。这样,当锅炉提供的能量小于锅炉负荷指令时,就可根据 N_e 与 N_b 的偏差而增加锅炉的燃烧率和给水量。但应该注意的是,控制系统中所测的机组功率 N_e 是发电机电功率,电功率信号也会反映电网的扰动,这种扰动有时使控制系统产生误动作。例如当电网事故,发电机与电网解列时,机组功率 N_e 急剧减少,此时按图 4.58 的系统,锅炉控制系统将增加燃烧率和给水量,而汽轮机调速器关小调节阀,使主汽压上升,主汽压的升高使主汽压控制器产生开大汽轮机调节阀的动作,控制系统的这种作用恰与操作要求相反。因此,必须有保护装置,当发电机与电网解列时,立即切除"自动"。

最后应指出,图 4.58 所示的控制系统,由于机组的负荷要求改变时,首先改变锅炉的燃烧率和给水量,待锅炉燃烧产生的热量改变,使蒸汽压力发生变化后,主汽压控制器才改变汽轮机的进汽量,从而改变机组功率,所以机组响应负荷的速度较慢。

2. 带变动负荷的直流锅炉自动控制系统

从锅炉燃烧率的改变到机组功率的改变过程是比较缓慢的。为了提高机组适应变负荷的能力,最主要的方法是允许主汽压在一定范围内变化,充分利用锅炉的蓄热。直流锅炉的蓄热系数虽然比较小,但允许主汽压变化范围较大。因此在保证锅炉安全运行的前提下,恰当地利用锅炉的蓄热,可以使机组有较快的负荷响应速度。

图 4.59 为简化了的带变动负荷直流锅炉自动控制系统,图 4.59(a)为简化了的机炉主控制系统,图 4.59(b)为简化了的给水控制系统,图 4.59(c)为简化了的燃料和送风控制系统。机组以汽轮机跟随锅炉方式调整机组负荷,汽温控制和引风量控制与一般控制方案相同。

(1) 负荷要求信号 N_0　负荷要求信号由运行人员操作指令、电网中心调度所负荷指令和电网频差形成的负荷指令三者共同来决定,或根据机组的运行状态由其中之一或之二决定。在变动负荷时,应该把这些要求机组负荷变化的指令加以处理以符合机组的实际情况。系统中的 N_0 就是经过处理而与机组的实际允许出力和变负荷能力相适应的负荷指令。处理过程可参看3.3.1小节。

(2) 机炉主控制系统　机炉主控制系统如图 4.59(a)所示。负荷要求信号 N_0 和汽压偏差信号 $P_t - P$ 同时作用到汽轮机和锅炉主控制器上。当负荷要求 N_0 改变或机前压力 P_t 偏离给定值 P 时,通过汽轮机和锅炉主控制器同时使汽轮机控制系统改变调节阀的开度,锅炉控制系统改变燃烧率和给水量,使机组功率 N_e 尽快跟随负荷要求 N_0,并使机前压力 P_t 尽快地恢复至给定值 P_0。在动态过程中,让主汽压在允许的范围内变化,以充分利用锅炉的蓄热。动态过程结束后,机组功率 N_e 等于负荷要求 N_0,主汽压恢复至给定值。

汽轮机负荷控制的基本部分是根据主汽压偏差改变调节阀的开度。而负荷要求信号 N_0 和机组功率 N_e 的偏差可以看作是暂时地改变主汽压给定值。

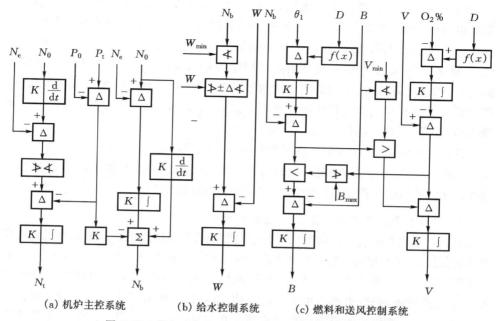

（a）机炉主控系统　　　　（b）给水控制系统　　　　（c）燃料和送风控制系统

图 4.59　带变动负荷的直流锅炉自动控制系统原理图

锅炉的锅炉负荷指令信号 N_b 主要决定于对机组负荷要求信号 N_0 与机组功率 N_e 的偏差。如果偏差存在，就不断改变锅炉负荷指令 N_b，一直到负荷偏差消失为止。机组功率最后与锅炉提供的热量一致。当机组负荷要求 N_0 变化时，通过比例微分环节使锅炉的锅炉负荷指令 N_b 立即改变，并且比 N_0 适当加强，以提高锅炉变负荷的速度。此外，根据机前压力 P_t 偏离给定值 P_0 的情况，适当地修正锅炉负荷指令 N_b。

（3）给水控制系统　　锅炉负荷指令 N_b 平行的作用到给水控制系统和燃烧控制系统，使给水量和燃烧率随时保持适当的比例以使主汽温变化不致太大。

系统中低值限幅器的作用是保证给水流量不小于最小给水流量 W_{min}。系统中采用了浮动的双向限幅单元，防止给水量与燃烧率的比例失调，假定与燃烧率相适应的给水流量应为 W，则给水流量 W 将不大于 $(W+\Delta)$，也不小于 $(W-\Delta)$。

（4）燃烧控制系统　　燃烧控制系统的基本任务是保证燃烧率与给水量成适当比例，以共同适应对锅炉燃烧率要求。燃烧率与给水量是否成比例以微过热汽温 θ_1 作为指标，因此锅炉负荷指令 N_b 经过微过热汽温的偏差校正后才进入燃料控制子系统和送风控制子系统以控制燃料量和送风量。引风量也与送风量同时变化（图中未画出）以保持炉膛压力。

在图 4.59 的燃烧率控制系统中，应用了高值选择器和低值选择器，以保证锅炉负荷指令增加时,先加风后加燃料;锅炉负荷指令减少时,先减燃料后减风,达到燃料的完全燃烧。系统中还应用了低值限幅器和高值限幅器,使送风量不小于最小风量 V_{min} 和燃料量不大于最大燃料量 B_{max}。

微过热汽温的给定值和烟气含氧量的给定值都是随着负荷而改变的。图 4.59 中以蒸汽流量 D 作为锅炉的负荷,通过函数发生器 $f(x)$ 使给定值与负荷成一定函数关系。

4.5　其它控制系统

大型火电机组为了提高机组的经济性和设备安全性,除前几节介绍的给水、燃烧、汽温主要控制系统外,对系统的辅助设备也设计了模拟量控制子系统,如除氧器水位和压力控制系统、加热器水位控制系统、凝汽器水位系统、预热器入口二次风温控制系统、空气预热器入口一次风温控制系统、各层风箱二次风量控制系统、中心风管压力控制系统等等。相对而言,这些控制系统结构比较简单。

4.5.1　除氧器水位和控制系统

除氧器水位控制系统的任务是保持进出除氧器汽水物质的平衡。可以采用前馈-反馈复合控制系统。以除氧器水位信号构成反馈控制系统,以给水流量、减温水流量等构成前馈信号。某些机组也采用三冲量控制系统,以控制主凝结水流量来保证除氧器水位。三冲量信号分别是除氧器水位、流出除氧器的给水流量和流入除氧器的凝结水流量,其中流出除氧器的给水流量由省煤器入口流量、总过热器喷水流量和再热器喷水流量相加形成。

大机组除氧器水位控制系统一般设计有单冲量和三冲量两套控制结构。低负荷和启动时,用单冲量控制。当负荷超过一定值时采用三冲量控制。单、三冲量的切换根据流入除氧器的凝结水流量进行。

与除氧器水位控制相关的是除氧器压力控制,除氧器压力控制系统一般为单回路系统。机组定压运行时,保持除氧器压力为定值。机组滑压运行时,除氧器压力随抽气压力变化。

4.5.2　加热器水位控制系统

回热加热器一般设计有一个正常疏水控制阀及一个事故疏水控制阀。通过控制加热器疏水阀及事故疏水阀来维持加热器水位在设定值。

加热器水位正常疏水阀控制也为单回路控制。加热器水位设定值由运行人员手动设定。加热器水位设定值和实测值的偏差经 PID 控制器后再加上前馈信号作为加热器正常疏水控制阀的控制指令。前馈信号由上一级高加的正常疏水控制阀指令经函数发生器给出。

加热器事故疏水控制阀控制也为单回路控制。加热器水位事故设定值和实际值的偏差经控制器后作为加热器事故疏水控制阀的控制指令。

另外,也有些机组辅助系统的工艺参数控制仍采用现场控制方式。即在生产现场就地安装控制系统,完成控制任务,称为基地式控制系统。基地式控制系统多数采用气动式控制器和执行器,以适应生产现场恶劣的环境,提高系统的可靠性。

习题与思考题

4.1　给水流量控制的方式一般有几种? 什么是变速泵的安全工作区?

4.2　汽包锅炉给水控制的任务是什么?

4.3　汽包锅炉给水控制对象在给水流量扰动、燃料量扰动和蒸汽流量扰动下各有什么特点?

4.4　为什么要采用三冲量给水控制系统? 在三冲量给水控制系统中,三个冲量的作用各是什么?

4.5　单冲量给水控制与三冲量给水控制各在什么情况下应用?

4.6　串级三冲量给水控制系统与单级三冲量给水控制系统相比有什么优点?

4.7　为什么现代大型锅炉都采用变速泵控制给水流量?

4.8　什么是全程给水控制? 全程给水控制系统设计中应考虑哪些问题?

4.9　主汽温控制对象的主要特点是什么? 对设计控制系统有什么影响?

4.10　主蒸汽温度控制的任务是什么?

4.11　比较串级主汽温控制系统和采用导前汽温微分信号的双回路控制系统的特点。

4.12　再热蒸汽温度一般采用什么方式控制?

4.13　为什么要对主汽温采用分段控制? 为什么说按温差的主汽温分段控制系统比分段控制系统更合理?

4.14　为什么蒸汽压力在不同扰动下会出现有自平衡能力和无自平衡能力的特性?

4.15　燃烧控制的任务是什么?

4.16　什么是热量信号,热量信号在燃烧控制中有什么作用?

4.17　燃烧控制系统包括几个子系统,各子系统是怎样工作的? 各子系统的被控量和作用量是什么?

4.18　燃烧控制中怎样保持合适的风/煤比值?

4.19　中储式煤粉炉燃烧控制系统与直吹式煤粉炉控制系统在工作原理上有什么主要区别?

4.20　直流锅炉控制系统与汽包炉控制系统相比有什么特点?

第 5 章 汽轮机控制系统

5.1 汽轮机控制的任务

汽轮机是将热能转换成机械能的装置,是火力发电机组的三大设备之一。汽轮机控制系统的任务是满足外界对电负荷的需求,保证供电质量,同时保证汽轮发电机组安全可靠地运行。具体来说有以下几方面的功能。

5.1.1 汽轮机安全监控

汽轮机控制系统能连续检测汽轮机运行中的各种参数,例如:主蒸汽压力和温度、再热蒸汽压力和温度、凝汽器真空、各段抽汽压力、转速、调节油压、润滑油压、轴承温度、轴振动、转子轴位移、汽缸热膨胀、汽缸与转子的相对胀差、油动机行程等。随着汽轮机容量的不断增大和参数提高,需要检测的项目也越来越多。现代大型汽轮机已普遍对各种参数进行自动测量、显示、报警等,为掌握机组的状态提供了依据。

除了控制汽轮机正常运行,完成发电、供热、驱动功能外,还必须保证汽轮机及其辅助设备的安全稳定运行,这就要求对汽轮机的主要参数进行监控。完成这一功能的系统一般称为汽轮机监测仪表 TSI。TSI 也称汽轮机安全监控系统,将在 7.6 节给予介绍。

随着计算机技术的发展,计算机软件功能的增强,以及用户对自动化系统一体化的要求,较多原来由专用的 TSI 系统采集、处理的信号,已经由 DEH 系统完成。在 DEH 系统中,除可以显示这些重要信号的实时变化之外,还可以对其进行实时趋势、历史趋势、棒状图、事故追忆等显示和分析。

5.1.2 自动保护

当汽轮机或电网出现故障时,自动保护装置能迅速动作,采取一定的保护措施,防止事故扩大或造成汽轮机设备损坏。目前,大功率汽轮机主要的保护项目有:超速保护、低油压保护、轴向位移保护、胀差保护、振动保护、低真空保护等。

　　机组正常运行的情况下,控制系统对汽轮机的各项参数进行控制,使机组的各项指标在允许的范围以内。但当这些参数超过允许范围而危及机组安全时,必须紧急停止汽轮机的运行。因此为了确保汽轮机的安全,防止设备损坏事故的发生,还必须配备必要的保护系统。一般将保护系统称为紧急跳闸系统(ETS)。

　　保护系统的项目因机组容量大小而不同,但必须包括如下内容。

　　(1)汽轮机转动部件异常　保护的项目一般包括:①轴承振动大,②瓦盖振动大,③汽轮机超速,④润滑油压低,⑤轴承温度高,⑥轴承回油温度高。

　　(2)动静部件异常　保护的项目一般包括:①转子轴向位移大(推力瓦磨损),②转子与汽缸相对胀差大。

　　(3)汽轮机本体异常　保护的项目一般包括:①汽缸压比低,②排汽温度高,③汽缸膨胀大,④冷凝器真空低。

　　(4)锅炉系统异常　如总燃料跳闸。

　　(5)发电机系统异常　如发电机故障等。

　　保护系统按照形式可划分为电子和机械(液压)两部分,由检测、放大、执行机构等组成。检测元件随检测量的不同而不同。保护动作的结果都是通过紧急关闭主汽门,实现机组停车。

5.1.3　自动控制

　　不同用途的汽轮机具有不同的要求。作为发电用汽轮机,必须根据电网负荷的变化,及时调整汽轮机的出力,使之与需要的电量相适应。

　　电能用户对电力的要求主要为电压、电流和频率。其中发电机电压除了与转速有关外,主要是通过励磁控制系统调整励磁电流来控制的;在电压一定的情况下,对发电机电流的要求表现为对功率的要求,即汽轮机必须具有负荷控制的手段。

　　绝大多数汽轮发电机并网运行,电网频率由电网中的所有机组共同维持,当电网中的用户用电量增加时,电网频率将下降,当电网中的用户用电量减少时,电网频率将上升。作为工业用汽轮机,其驱动的风机、泵等的出口压力必须满足工艺要求。而这些设备的出口压力与汽轮机的转速有关。另外,在机组启动冲转过程中,以及作为孤立机组、单机运行的情况下,都必须具有转速控制的能力。

　　热电联产用汽轮机必须保证提供的蒸汽参数满足用户要求,因此汽轮机还必须具有压力调节功能。

　　汽轮机的主要控制参数是功率、转速和主蒸汽压力。在不同的运行方式下,这些参数之间互相制约,互相影响。同时,为了满足汽轮发电机安全、稳定、经济运行的需要,还需要对汽轮机的其它参数、其它设备进行控制,使各种参数维持在规定的范围内。

5.1.4　汽轮机的自动启停控制

汽轮机自启停是指从启动准备到带满负荷或从正常运行到停机全部实现自动控制。

传统方式下,汽轮机的启动、停机过程由运行人员按照运行规程,通过人为设定转速、负荷、压力等目标值和变化速率来完成。这种启动方式过多依赖于运行人员的经验。随着计算机技术的发展,可以通过设计程序控制系统模仿运行人员的启动过程,按照事先设定好的步骤,自动完成各项操作,根据需要自动启停相关设备。容量较小的机组一般主要依据机组运行规程进行启停,对于大型机组,还必须对大型金属部件,如转子、汽缸、蒸汽室等进行热应力计算,修正机组的升降速率和升降负荷率。这些功能由汽轮机自启动系统(Turbine Automatic System, TAS)完成。TAS 可以减轻运行人员的劳动强度,提高劳动生产率;可以防止人为的错误操作,有利于机组的安全运行;缩短启动时间,提高机组运行的经济性。

5.1.5　汽轮机管理系统

我国电力工业的高速发展,结束了全国性缺电局面,实现了电力供需的基本平衡,汽轮机监视、控制、保护功能不断完善,电力生产的各项指标已经能够满足当前电力用户的基本要求。如何提高经济效益,提高管理水平、优化运行就成为最紧迫和最直接的问题。

上述汽轮机控制系统的任务相互关联、相互作用。它们从控制、监测、保护、启停、优化五个不同的角度对机组施加影响,共同完成机组安全稳定运行的任务。由此可以看出,汽轮机控制系统是一个涉及面广、控制要求高、技术复杂的大型系统。

机组容量的不断增大,蒸汽参数不断提高,电网结构日趋复杂,汽轮机组在大电网中运行,具有参加调峰、调频、优化运行等功能,也对汽轮机控制系统提出了控制功能强、控制系统灵活性和适应性好、控制品质优良等更高的要求。采用高新技术是机组控制发展的必然趋势。数字电液控制系统是当前大型火电机组广泛采用的一种汽轮机控制系统。

5.2　功频控制系统

汽轮机功频控制系统的主要功能是转速控制和负荷控制。转速控制是机组并网前的控制方式,负荷控制是机组并网后的工作方式。

5.2.1　速度控制系统

汽轮机控制系统,从采用机械离心飞锤式调速器开始,至今已有一百多年的历史。其中,机械液压式控制(Mechanical-Hydraulic Control,MHC)系统曾获得了广泛的应用。由于 MHC 是机械液压控制方式,不能进行电控,不能适应大型机组高度自动化的要求。

电子技术的发展,传统的机械调速器或信号泵被电子测速元件代替。电子器件具有体积小,精度高,适应面广等特点,因而汽轮机控制系统出现了采用电子控制器和液压执行机构相结合的电液控制(Electric Hydraulic Control,EHC)系统。图 5.1 所示为纯速度电液控制系统原理图。其转速给定信号相当于机械液压系统中的同步器信号,可采用改变直流电压的办法来改变转速给定值。偏差信号经由电子运算放大器实现控制规律的控制器给予运算。系统中的功率放大,执行机构采用机械液压或全液压式装置。控制器输出信号经过功率放大,并由电液转换器将电信号转换成液压信号。该液压信号控制油动机,调整主汽门开度,达到控制转速的目的。

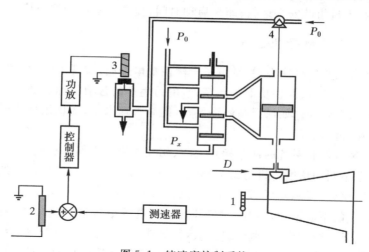

图 5.1　纯速度控制系统

1—计数器;2—转速给定;3—电液转换;4—反馈油口

图 5.2 所示为非再热凝汽式汽轮机纯速度电液控制系统的方框图。它与传统的机械液压式或全液压式控制系统方框图没有差别。由于电子元件的特点,电液控制系统的控制器可以做到微型化、组合式、多功能,以适用于各种汽轮机控制系统。

为了减少甩负荷时的超调量,在转速控制系统中,可以引入加速度信号(转速信号经过微分器)。为了实现转速无静差,采用具有积分作用的控制器。在机械液压系统中,要实现积分作用需引入弹性反馈,其结构和工艺是比较复杂的。在图 5.2 中采用的是比例-积分控制器。如有必要在比例-积分作用的基础上,再引入微分校正,即成为 PID 控制器,这对采用电子控制器的电液控制系统也是很容易实现的。

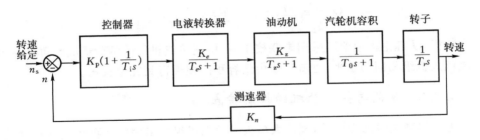

图 5.2　非再热凝汽式汽轮机纯速度电液控制系统方框图

汽轮机功频控制系统能补偿中间再热器管道的容积惯性,提高机组的一次调频能力。如果在纯速度控制系统中采用比例-微分校正器,即把图 5.2 中的 PI 控制器换为 PD 控制器,进行串联校正,除了比液压动态校正容易实现外,也能克服中间容积引起的容积惯性。在中间再热机组的机械液压控制系统中,液压动态校正器就是根据这一指导思想设计的。图 5.3 所示为中间再热机组采用微分校正的纯速度控制系统方框图。

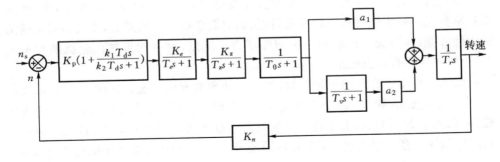

图 5.3　采用 PD 校正的中间再热汽轮机纯速度控制系统方框图

校正器的传递函数为

$$G_{\mathrm{d}}(s)=1+\frac{k_1 T_{\mathrm{d}} s}{k_2 T_{\mathrm{d}} s+1}=\frac{(k_1+k_2) T_{\mathrm{d}} s+1}{k_2 T_{\mathrm{d}} s+1} \tag{5.1}$$

中间再热式汽轮机功率特性的传递函数为

$$G_{\mathrm{p}}(s)=a_1+\frac{a_2}{T_v s+1}=\frac{a_1 T_v s+a_1+a_2}{T_v s+1} \tag{5.2}$$

式中:a_1 为高压缸功率与整个机组功率之比;a_2 为中、低缸功率与整个机组功率之比,且 $a_1+a_2=1$;T_v 为中间再热器及管道容积时间常数。

如果使 $k_2=a_1$、$k_1=a_2$、$T_{\mathrm{d}}=T_v$,则校正器与汽轮机两个环节的传递函数合并后为

$$\frac{(k_1+k_2)T_d s+1}{k_2 T_d s+1}\;\frac{a_1 T_v s+a_1+a_2}{T_v s+1}=1 \tag{5.3}$$

这样,从理论上说明了采用串联校正后,中间再热机组的负荷适应性可以达到与凝汽式机组相同的水平,也就是使中间容积的惯性得到完全校正。

5.2.2　中间再热汽轮机的控制特点

为了提高机组的经济性,现代大型火力发电机组均采用中间再热式汽轮机,组成单元制机组。中间再热器的存在,使汽轮机的动态特性发生了很大变化,产生了一些新的控制特点。

① 中间再热器及蒸汽管道的存在,形成了一个很大的蒸汽容积,其传递函数可近似为

$$G(s)=\frac{K}{Ts+1}\mathrm{e}^{-\tau s} \tag{5.4}$$

式中:T 为中间再热器的时间常数,τ 为延迟时间。即中间再热器是一个具有惯性和延迟的对象。

当进入汽轮机高压缸的蒸汽流量发生变化时,高压缸功率立即变化,中、低压缸功率变化具有大惯性和一定的滞后,从而引起整机功率的滞后,使机组对负荷的适应性降低,即降低了机组的一次调频能力。所以,对中间再热汽轮机的功率控制,一般都要进行动态校正。

图 5.4 给出了有无动态校正时,汽轮机功率的变化情况。从图 5.4(a)可以看出,由于中压缸功率 N_m 和低压缸功率 N_l 有较大惯性,虽然高压缸 N_h 功率变化较快,总功率 N_e 仍然具有惯性。采取对高压缸动态过开的校正后,总功率的响应曲线近似为一条水平直线,如图 5.4(b)所示,说明汽轮机总功率的响应大大加快。

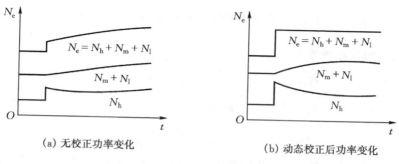

(a) 无校正功率变化　　　　　　　　(b) 动态校正后功率变化

图 5.4　再热汽轮机的功率校正

② 汽轮机甩负荷时,若只有高压缸调节阀关闭,中间再热器的蒸汽还会引起汽轮机超速。因此中间再热式汽轮机都设置了中压缸调节阀。甩负荷时中压缸调

节阀和高压缸调节阀一起迅速关闭,以防汽轮机超速。

③ 机组单元制运行,锅炉、汽轮机紧密关联。锅炉的惯性比汽轮机大十多倍,二者的协调性能对单元机组负荷适应性有很大影响,必须很好地解决这一问题。

5.2.3　功频控制系统

中间再热汽轮机单元机组和母管制机组相比,蓄热能力下降。机组负荷变动时,蒸汽压力的波动范围也相应较大。由于蒸汽参数变化较大,汽轮机转速与功率之间的关系已不再保持比例关系。

汽轮机转速与功率之间的关系可以表示为

$$\frac{\Delta N}{N_s} = -\frac{1}{\delta}\frac{\Delta n}{n_s} \tag{5.5}$$

式中:ΔN 为功率偏差,Δn 为转速偏差;n_s 为汽轮机转速给定值;N_s 为汽轮机功率给定值;δ 为汽轮机转速不等率。式(5.5)可改写成

$$\frac{1}{\delta}\frac{\Delta n}{n_s} + \frac{\Delta N}{N_s} = 0 \tag{5.6}$$

将转速信号和功率信号综合在一起共同参与控制,形成功频控制策略,实现机组带基本负荷、参加一次调频、参加二次调频、机炉协调等控制方案。

当机组只带基本负荷不参加一次调频时,功频电液控制系统的任务是使机组保持给定的功率。其工作原理与转速控制相似,PI 控制器接受给定功率与实际功率的偏差信号,控制调节阀开度,保持机组功率与给定值一致。

当机组参加一次调频时,必须进行功率-频率控制。图 5.5 是汽轮机功频电液控制系统原理图,这时机组的给定频率 n_s 为电网频率。系统有两个反馈回路,转速反馈信号和功率反馈信号经综合后送入 PID 控制器。只有当功率反馈信号和转速反馈信号使 PID 控制器入口偏差为零时,控制过程才能结束,这就保证了转速变化与功率变化之间保持相对固定的比例关系,得到较好的控制效果。

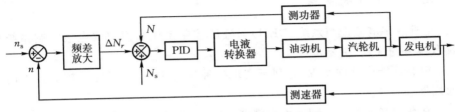

图 5.5　机组一次调频时功频控制原理图

PID 控制器同时接受经过放大的频差信号 ΔN_r 和功率偏差信号 $\Delta N = N_s - N$。系统将转速偏差信号转化为一次调频的负荷指令 ΔN_r。ΔN_r 变化时,系统进行调

整,直至满足 $\Delta N = \Delta N_r$ 时,机组转速和功率都等于给定值,调整过程结束。系统中,功率测量信号、转速测量信号及控制器的输入输出信号都是电信号,控制器输出的电信号经电液转换器变为液压信号,控制油动机动作。

当机组承担二次调频任务时,功频电液控制系统的工作原理如图5.6所示。机组的给定频率 n_s 整定在 3 000 r/min。当机组实际转速偏离给定转速时,频差放大器输出信号送到 PI 控制器。积分作用使调节阀慢慢改变开度,直到频率恢复到与给定值相同。

功频电液控制系统还具有参与机组协调控制的能力,按跟随方式或协调方式工作。此时,功频控制系统还加入了主蒸汽压力控制回路。这方面的内容在第 3 章已有介绍。

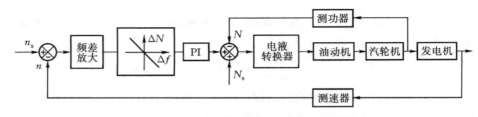

图 5.6　二次调频功频控制系统原理图

5.3　数字电液控制系统

20 世纪 60 年代,汽轮机控制系统由液压控制发展到电液控制,当初的控制器是电子模拟控制器。随着大规模集成电路和计算机技术的发展,以微处理器为核心的数字式电液(DEH)控制系统已经广泛应用于大型火电机组。现在所说的汽轮机控制系统(Turbine Control System,TCS)一般都是指 DEH。

5.3.1　DEH 的特点

汽轮机数字电液控制系统(DEH)与液压控制系统和模拟式电液控制系统相比,具有显著的优点,主要是:

① 控制功能由软件实现,有利于实现各种控制规律,便于先进控制技术的引入,通用性强;

② 具有很强的信息处理能力和精度,极大地改善了控制品质和保护功能;

③ 容易满足各种运行方式的要求,增强了机组的灵活性;

④ 具有故障诊断等功能,便于维护;

⑤ 高压抗燃油系统使执行机构结构紧凑,操作力大,响应快。具有良好的动

态特性；

⑥ 采用冗余技术的数字系统及采用抗燃油的油系统，大大提高了机组的安全性和可靠性。

5.3.2　DEH 的基本功能

汽轮机数字电液控制系统的不同产品，功能有所差别，但目前所有的 DEH 产品，功能都是十分丰富的。这些功能概况起来有以下几点。

1. 自动程序控制(Automatic Turbine Control，ATC)

汽轮机在启停过程中，工况变化剧烈，操作复杂。实现自动程序控制，通过对机组状态参数、转子等部件热应力等的监控，可以缩短启动时间，优化启动过程，同时还减轻了操作人员劳动强度。ATC 允许机组有冷态启动和热态启动两种方式，所有操作均在 ATC 控制下自动完成。

2. 负荷控制

负荷控制在机组并网后工作。DEH 能适应定压和滑压两种运行方式，具有操作员自动控制、电网负荷调度中心远方遥控和手动控制等控制方式，能根据操作人员要求和机组应力条件控制负荷变化率。DEH 系统还具有阀门控制管理功能，DEH 系统的控制方式灵活多样，保证机组安全可靠地运行。

3. 运行监控和通信

DEH 系统可以连续地对汽轮机运行的各种工况进行监视，为运行人员提供全面的信息。

DEH 系统可以通过通信接口与外界交换信息，若 DEH 是 DCS 的一个组成部分，则可以在整个 DCS 内进行信息共享。若 DEH 是一个独立系统，则需要通过系统间信息交换的方式进行通信。

4. 自动保护

DEH 系统最主要的保护功能是超速保护和危急遮断功能。当机组转速超过额定转速的 103％时，超速保护系统会迅速关闭高、中压调节阀门。当转速小于额定转速的 103％时，允许高、中压调节阀开启。当转速超过额定转速的 110％时，危急遮断系统会发出停机信号并关闭所有阀门，实行紧急停机。

5.3.3　DEH 的组成

图 5.7 是一台 300 MW 汽轮机的 DEH 系统图。它主要由两大部分构成：以计算机为主体的数字系统和高压抗燃油液压伺服系统。数字系统包括计算机、接口设备、图象站等，是处理各类信息的核心。图象站是 DEH 的人机联系设备，主

要由计算机、打印机、CRT、操作键盘等组成。液压伺服系统由电液伺服机构和高压抗燃油系统组成。

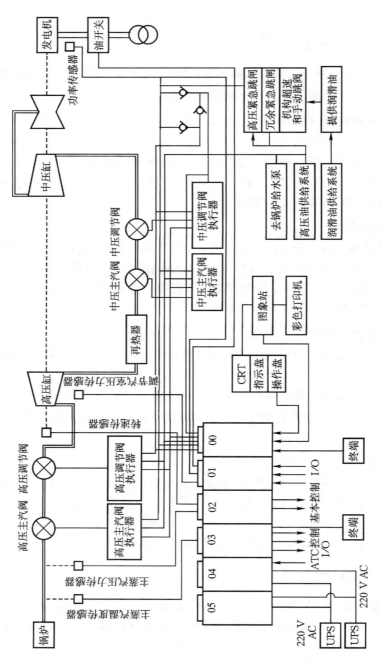

图 5.7 300 MW 汽轮机 DEH 系统图

5.3.4　DEH 的液压系统

液压系统是 DEH 的重要组成部分,以抗燃油作为工作介质。液压系统按其功能可分为:液压控制系统、危急遮断系统、供油系统。液压控制系统中有伺服型和开关型两类控制机构:伺服型控制机构,根据 DEH 系统数字控制器发出的指令控制相应阀门(高压主汽门和调节阀、中压调节阀)的开度;开关型控制机构,控制阀门(中压主汽阀)全开或关闭。危急遮断保护系统在监视参数超限,危及安全运行时,自动或手动使机组跳闸停机。供油系统向液压控制系统提供参数合格的抗燃油。图 5.8 为上汽 600 MW 超临界汽轮机 DEH 的液压系统图。

在 DEH 控制系统中,数字式控制器输出的阀位信号,经 D/A 转换器转变成模拟量,送入液压伺服系统。该系统由伺服放大器、电液伺服阀(电液转换器)、油动机(或称油缸)、快速卸载阀、线性位移差动变送器(LVDT)等组成,是 DEH 控制系统的末级放大与执行机构。

由于中压主汽门是开关型的双位阀,其控制系统没有伺服放大器、电液伺服阀,仅配置油动机和快速卸载阀。危急遮断油压建立,该阀打开;汽轮机跳闸,该阀关闭。

如图 5.8 所示的液压控制系统由四大部分组成:图的右下方为危急遮断系统,用于机组保护;右上方为遮断试验系统,用于系统的试验;左上方为中压主汽阀(2 个)控制系统和中压调节汽阀(4 个)的液压伺服系统;左下方为高压主汽阀(2 个)和高压调节汽阀(4 个)的液压伺服系统。伺服型和开关型液压控制系统具有以下相同的特点。

① 所有的进汽阀都配置一个单侧进油的油动机,其开启依靠高压动力油,关闭靠弹簧力。这是一种安全型的机构,在系统漏油时,油动机向关闭方向动作。

② 在油动机的油缸上有一个控制块的接口,在控制块内装有隔绝阀、滤网、快速卸载阀和止回阀、电液伺服阀(开关型不装),并加上相应的附加组件构成一个整体,成为具有控制和快关功能的组合执行机构。

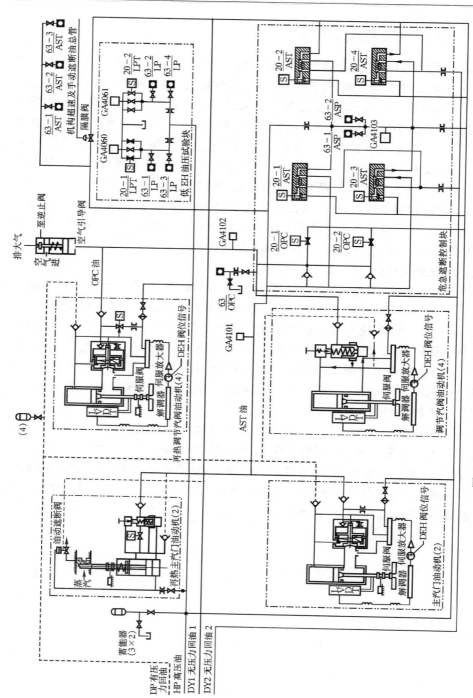

图 5.8　600 MW 超临界汽轮机 DEH 液压系统图

5.4　给水泵汽轮机控制系统

　　为了节约能源,提高效率,现代大型火力发电机组的给水泵大多数采用汽轮机驱动,并且进行变速运行。图 5.9 是给水泵汽轮机在热力系统中的连接示意图。驱动给水泵汽轮机的汽源有两路,主工作汽源来自主汽轮机的抽汽,又称为低压汽源;辅助汽源来自锅炉,称为高压汽源。在每路汽源上都设有独立的主汽阀和调节阀。在机组负荷较高时,使用低压汽源;当机组负荷较低时,由于抽汽压力太低,则使用高压汽源。

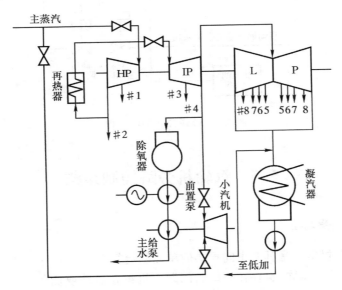

图 5.9　给水泵汽轮机在热力系统中的连接图

　　汽动给水泵的启停、运行要比电动给水泵复杂,现代大型机组都配有给水泵汽轮机电液控制系统 MEH,图 5.10 是 MEH 控制系统原理图。MEH 的核心是微处理机,其工作原理及结构与 DEH 类似。

　　MEH 系统的主要功能是接收来自机组协调控制系统(CCS)的给水流量要求信号,以控制汽轮机的转速。MEH 系统也可以对汽轮机按给定转速信号在大范围内对转速进行控制。需要时,操作员可在操作盘上直接对汽轮机调节阀进行操纵,实现汽轮机的手动控制。MEH 不具备功率控制功能。

　　为了确保给水系统的可靠性,MEH 采用了双主机(CPU)等冗余系统、不间断电源、多重脱扣装置等措施。

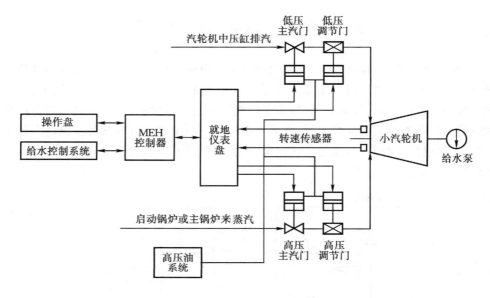

图 5.10　MEH 控制统原理图

5.5　汽轮机旁路控制系统

5.5.1　旁路系统

　　大型火电机组都是具有中间再热的单元制运行方式。中间再热式机组由于锅炉、汽轮机特性的不同,也存在一些新问题。机组在启动或低负荷工况下,汽轮机的进汽量少,而锅炉的最小稳定负荷约为额定负荷的 30％左右,如何处理过剩的蒸汽是必须解决的一个问题。另外,低负荷下再热器也需一定的蒸汽进行冷却,通常要求冷却流量约为额定流量的 14％,而汽轮机在空载时进汽量仅为额定流量的 5％～8％,在汽轮机甩负荷时短时流量甚至为零。如何保护再热器是必须重视的另一个问题。

　　汽轮机旁路系统,就是在汽轮机上并联一个由蒸汽管路及减温减压装置组成的蒸汽系统。从而可使高参数蒸汽不经过汽轮机的通流部分,而由并联的蒸汽减温减压装置进入低一级蒸汽参数的管路或凝汽器。汽轮机旁路系统的结构方式和旁路蒸汽容量,随机组的运行方式不同而不同。目前大型中间再热机组的旁路系统,在结构上有一级大旁路系统、两级串联旁路系统和三级旁路系统等三种典型方式,旁路容量有 30％、50％、100％等。

　　两级串联旁路系统的组成如图 5.11 所示,高压旁路装置和低压旁路装置以串联方式组成汽轮机的旁路系统。

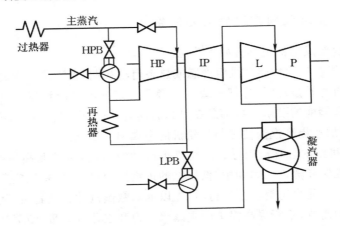

图 5.11　两级串联旁路系统

　　高压旁路系统为保护锅炉再热器以及机组启动期间的暖管暖机而提供汽源;低压旁路系统将再热蒸汽引入凝汽器,可提供再热汽系统暖管并回收工质。旁路系统的这种结构方式不仅可以保护再热器,而且基本上能满足机组启动时蒸汽参数与汽轮机金属温度匹配的要求,当汽轮机甩负荷时可使汽轮机保持空负荷运行或带厂用电运行。

　　三级旁路系统是在蒸汽主管道和凝汽器之间设置有一个大旁路系统。主蒸汽可以经减温减压器直接排入凝汽器。图 5.12 是三级旁路的系统图。

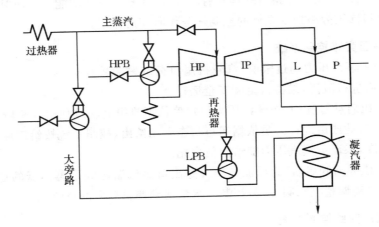

图 5.12　三级旁路系统

一级大旁路系统仅在锅炉和凝汽器之间设有旁路,没有高压和低压旁路系统。三级和一级旁路目前已较少采用。

5.5.2　旁路控制系统的主要任务

旁路系统对发电机组具有如下功能。

① 改善机组启动性能。机组冷态或热态启动初期,当锅炉产生的蒸汽参数尚未达到汽轮机冲转条件时,这部分蒸汽由旁路系统导流到凝汽器,以回收工质,适应系统暖管和储能的要求。特别是在热态启动时,锅炉可用较高的燃烧率、较高的蒸发量运行,加速提高汽温使之与汽轮机的金属温度匹配。

② 适应机组的各种启动方式。在机组启动时,可通过控制高压旁路阀、高压旁路喷水阀控制新蒸汽压力和中、低压缸的进汽压力;以适应机组定压运行或滑压运行的要求。单元机组滑参数运行时,先以低参数蒸汽冲转汽轮机,随着汽轮机暖机和带负荷的需要,不断提高锅炉的主蒸汽压力和主蒸汽流量,使蒸汽参数与汽轮机的金属状态相适应。

③ 保护再热器。在锅炉启动或汽轮机甩负荷工况下,锅炉新蒸汽经旁路系统进入再热器,以确保再热器不超温。

④ 汽轮机短时故障,可实现停机不停炉运行。停机时,锅炉产生的新蒸汽经旁路系统减温、减压后进入凝汽器,回收工质。

⑤ 电网故障时,通过旁路系统转移能量,机组可带厂用电负荷运行。

⑥ 当主蒸汽压力或再热蒸汽压力超过规定值时,旁路阀迅速开启进行减压泄流,对机组实现超压保护。

总体而言,汽轮机旁路系统具有启动、泄流和安全三项功能。下面对高压旁路控制系统和低压旁路控制系统的控制任务作简要的介绍。

1. 高压旁路控制系统

① 当主蒸汽压力超过限值,汽轮机甩负荷或紧急停机时,高压旁路系统可迅速自动开启进行泄流,维持机组的安全运行。

② 机组启动过程中,主蒸汽压力给定值依据机组启动过程中各阶段对其值的不同要求,自动或由运行人员依据运行状态手动给出,控制系统按给定值自动调整旁路阀开度,保证主蒸汽压力随给定值变化。

③ 高压旁路开启后,为保证高压旁路出口蒸汽温度满足再热器的运行要求,控制系统自动调整喷水阀开度,控制喷水量达到调整温度的目的。

2. 低压旁路控制系统

① 当再热蒸汽压力超过限值,或汽轮机甩负荷时,控制系统可立即自动开启低压旁

路和喷水阀,以保证机组安全运行。在手动或自动停机时,低旁阀也会自动快速开启。

　　② 在机组运行期间,再热蒸汽压力是与机组出力有关的变参数。低压旁路控制系统可依据机组的出力给出再热蒸汽压力定值,通过调整低压旁路阀的开度保证再热蒸汽压力在给定值,满足机组的运行要求。

　　③ 为保证凝汽器正常运行,低压旁路后的蒸汽温度应在规定的范围内变化,低压旁路控制系统可自动调整喷水量来保证温度在该范围内变化。

　　④ 低压旁路系统出口蒸汽直接排入凝汽器,为了凝汽器的安全运行,不应对凝汽器的真空和水位造成影响。因此,当出现凝汽器真空过低、水位过高,喷水阀出口水压过低或喷水阀打不开等情况时,控制系统可迅速关闭低压旁路阀,切除低压旁路系统。

5.5.3　汽轮机旁路控制系统

　　旁路系统的功能要充分发挥作用,必须配备一套功能完善的旁路控制系统。由于国内大多数单元机组配置两级串联的旁路系统,因此对于两级串联旁路系统,其控制系统应包括以下子系统。

1. 高压旁路控制系统

　　高压旁路控制系统包括主蒸汽压力控制和高压旁路后蒸汽温度(再热器冷端汽温)控制两部分。主蒸汽压力控制手段是高压旁路蒸汽减压阀开度,再热器冷端汽温的控制手段是减温减压阀开度,其原理如图 5.13 所示。根据启动要求,由压力定值处理

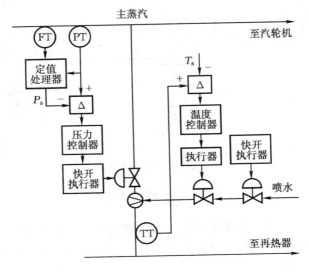

图 5.13　高压旁路控制系统

器产生压力给定值 P_s 作为压力控制器的定值,从而控制蒸汽减压阀的开度,使主蒸汽压力 P 符合机组运行的要求。由温度控制器控制喷水阀开度,维持再热器冷端汽温。从原理上讲,这两个控制系统都是单回路控制系统。

2. 低压旁路控制系统

低压旁路控制系统包括再热器出口压力控制和进入凝汽器蒸汽温度控制两部分。

再热器出口压力控制手段是低压旁路蒸汽减压阀开度,进入凝汽器蒸汽温度的控制手段是低压旁路喷水阀开度,其原理如图 5.14 所示。根据机组负荷(由汽轮机调节级后压力 P_1)确定再热蒸汽压力给定值,由压力控制器控制低压旁路蒸汽阀门开度,调整再热蒸汽压力 P_{RH}。由于进入凝汽器的饱和蒸汽温度不易测量,低压旁路温度系统采用开环控制方式,根据机组负荷(调节级后压力 P_1)、再热蒸汽压力 P_{RH}、再热蒸汽温度 T_{RH} 和压力控制器输出确定喷水阀门开度,控制进入凝汽器蒸汽温度。

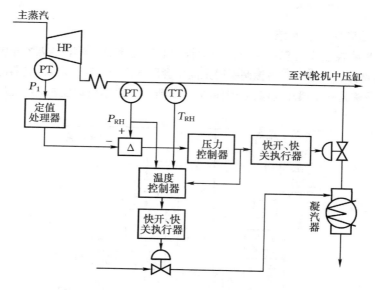

图 5.14　低压旁路控制系统

需要说明的是,衡量旁路系统性能优劣的重要标志是阀门特性的好坏以及执行机构的动作速度和可靠性。目前,旁路系统中的执行机构主要有液压执行机构和电动执行机构两种。

液压执行机构的特点是可靠性高、力矩大、动作速度快;一般可在 3～5 s 内完成动作,在技术、设备上都比较完善。问题是系统设备投资大,也比较复杂;需要专用油泵,增加了运行费用和维护工作量;液压驱动装置布置在高温蒸汽管道区,因而要设置防火装置。

电动执行机构的特点是设备投资小、可靠性高;检修和维护工作量小、运行费用小。缺点是力矩较小、动作慢,一般全开时间在 40 s 左右。经过不断的技术升级,电动执行机构的性能已大幅度提升,如采用高速、低速两个马达或多级变速马达驱动的电动执行机构,其执行机构完成动作时间可缩短到 5 s 以内。

习题与思考题

5.1 中间再热机组的汽轮机为什么要进行功率-频率控制?

5.2 数字电液控制系统的主要功能是什么?

5.3 说明功频控制系统的基本原理。

5.4 DEH 和 MEH 有什么异同?

5.5 汽轮机旁路系统的作用是什么?

5.6 汽轮机旁路控制由哪些子系统组成?

5.7 汽轮机旁路控制系统的功能是什么?

5.8 说明高压旁路控制系统运行方式、主汽压控制及温度控制的原理。

5.9 说明低压旁路控制系统的作用及其原理。

第6章 顺序控制系统

6.1 概　述

　　顺序控制系统 SCS 也称为程序控制系统或开关量控制系统，主要用于开关量的自动控制。顺序控制即按预先或一定逻辑设定的顺序使控制动作逐次顺序进行的控制。图 6.1 表示顺序控制系统的基本原理。顺序控制系统主要包含以下主要控制装置。

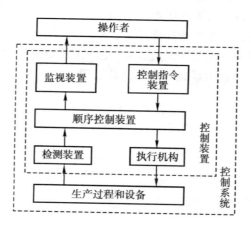

图 6.1　顺序控制系统基本原理图

　　（1）检测装置　如限位开关、电位器、光电开关、温度开关、测速发电机、译码器、编码器等；

　　（2）监视装置　如指示灯、蜂鸣器、指示计、CRT 显示器等；

　　（3）控制指令装置　如按压式开关、钮扣式开关、旋转开关等；

　　（4）顺序控制装置　如继电器、计数器、PLC、计时器以及其它基于计算机的控制器；

　　（5）执行机构　如电磁开关、伺服电动机、电磁阀等。

在大型火电单元机组控制系统中,顺序控制主要用于对热力系统和辅机,包括电动机、阀门、挡板等设备的启/停或开/关控制,以保证火电机组的安全、经济运行。随着机组容量的增大和参数的提高,辅机数量和热力系统的复杂程度大大增加。一台 600 MW 的大型火力发电机组有辅机、电动/气动门、电动/气动执行器300 余套。约有 2 000～3 000 个开并量输入信号、1 000 多个开关量输出信号、800多个操作项目。如此之多的设备和操作项目,手动操作已不可能。热工自动控制技术的发展,特别是可编程控制器和分散控制系统的不断完善,为实现热力系统和辅机顺序控制创造了条件。

采用顺序控制,操作员只需按一个按钮,热力系统的辅机和相关设备就按规定的顺序和时间间隔自动动作,运行人员只需监视各程序执行的情况,从而减少了大量繁琐的操作。同时,由于在顺序控制系统设计中,各个设备的动作都设置了严密的安全联锁条件,无论自动顺序操作,还是单台设备操作,只要设备动作条件不满足,设备将被闭锁,从而避免误操作和误动作,保证设备的安全。

6.2　火电机组顺序控制系统

火电机组的顺序控制系统涉及的范围非常广泛,为了便于管理和维护,绝大多数火电机组的 SCS 都按分级控制的原则设计。大型火电机组的顺序控制系统一般分成三级:机组级、功能组级以及设备级,如图 6.2 所示。

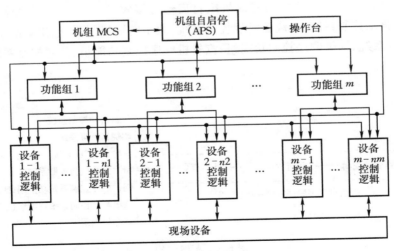

图 6.2　SCS 控制级示意图

　　机组级控制是最高一级控制,也称为机组自启停系统(Automated Powered System,APS)。无论机组处于冷态、温态(机组停运不足 36 h)或热态(机组停运不足 10 h)等状态,当 APS 接收到启动指令后,可以逐步启动机组,直到机组带一定负荷(如满负荷),中间只设置少量需运行人员确认的断点;也可以在任何负荷下,将机组负荷降到零。

　　功能组级是以某台重要辅机为中心,将相关的设备组合在一起的顺序控制。如引风机功能组,包括引风机及其轴承冷却风机、风机和电动机的润滑油泵,引风机进出口烟道挡板,除尘器进口挡板等顺序控制。

　　设备级是顺序控制系统的基础级。设备级可以接受功能组级的指令进行自启停,操作人员也可以对各台设备分别进行操作,实现单台设备的启停。

6.2.1　自启停系统

　　实现机组的自启停是比较复杂的问题,不但要求自动控制逻辑完善,机组运行参数及工艺准确详实,而且对设备本身也提出了很高的要求。单元机组顺序控制系统中,机组自启停系统作为 SCS 的一部分,一般在 DCS 中实现,并作为 DCS 的一个相对独立部分,占有 DCS 的过程控制单元。

　　由于 APS 是机组顺序控制的最高管理级,仅与控制系统中的其它站点进行数据传递交换,而与就地的设备没有直接的输入输出联系,硬件上比较简单。APS 顺序控制系统具有如图 6.3 所示的软件逻辑层次结构。APS 向机组的各个子控制系统发出指令,子系统协调完成机组自启停。接收 APS 指令的子控制系统包括:机组自动控制系统、燃烧器管理控制系统、数字电液控制系统、锅炉给水泵小汽轮机控制系统、锅炉顺序控制功能组、汽轮机顺序控制功能组、其它控制系统等等。

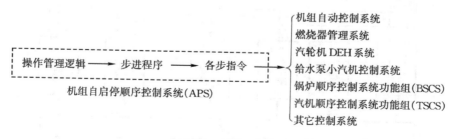

图 6.3　APS 结构

　　图 6.4 给出了机组自启动原则性程序流程。图 6.5 给出了自动停机原则性程序流程。在机组的自启停过程中,除了按设计的顺序进行顺序操作外,人工干预很少。在 APS 系统中使用断点方式来完成人工干预,如图 6.4 和图 6.5 中的粗线框表示的操作功能块。

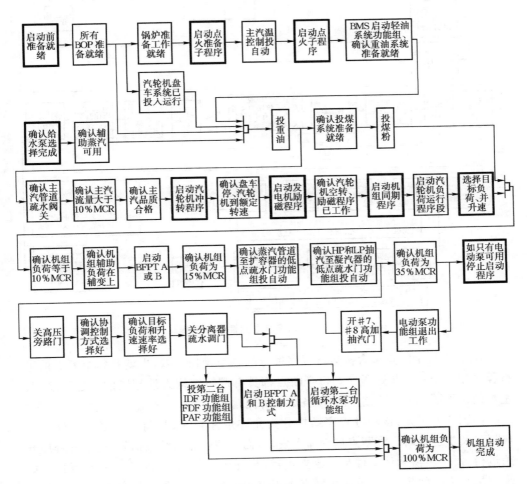

图 6.4　机组自启动原则性程序流程

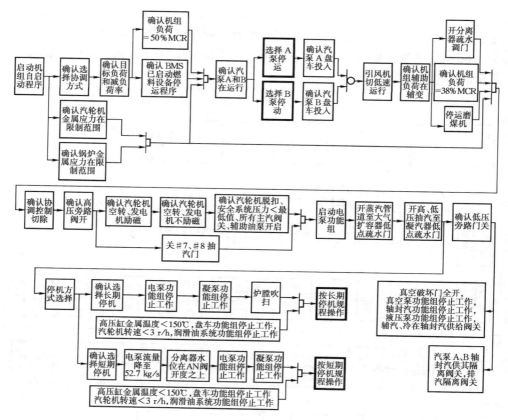

图 6.5 自动停机原则性程序流程

APS 中每个断点包含按运行程序进行的各个操作步骤,也就是每个断点的进行程序相当于一个步进程序。每个断点都具有逻辑结构大致相同的步进程序,其基本结构见图 6.6(以机组启动预备断点为例)。

由图 6.6 可知:该步进程序结构分为允许条件判断(与门),步复位条件产生(或门)及步进计时。当断点启动命令发出,而且该断点无结束信号,则步进程序开始进行,每一步需确认条件是否成立,当该步开始进行时,同时使上一步复位。如果发生步进时间超时,则发出该断点不正常的报警。断点程序将产生的指令,送至各个控制系统,控制相应的设备或系统协调动作。例如,在图 6.6 中产生的"循环水组启动"指令传输到汽轮机顺序控制系统实现循环水组的启动。当该组启动完毕,则由汽轮机顺序控制系统返回"循环水组启动完成"信号到 APS,控制下一步程序的运行。

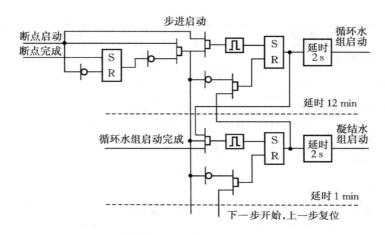

图 6.6 APS 步进程序框图

6.2.2 功能组级

大型火电机组的送风机、引风机、一次风机、磨煤机、给煤机、给水泵组和凝结水泵等重要辅机运行正常与否,直接关系到机组启停、安全和经济运行。功能组级对相关联的一些设备相对集中地进行启动或停止的顺序控制。一般设计有两种管理方式。

方式一,以某一台重要的辅机为中心进行控制操作。如某台引风机的功能组级顺控,该功能组就包括了引风机及其相对应的冷却风机、风机油站和电动机油站、烟风道挡板等设备,并按预先设计好的程序,在启动或停止时,自动地完成整个启动或停止过程。又如电动泵的功能级顺控,就包括电动泵、辅助润滑油泵、电动泵出口门、电动泵进口门和电动泵再循环截止门等的控制。一台 600 MW 机组,一般包括 40 个左右的功能组,如表 6.1 所示。这些功能组接受启停操作指令,完成相应的控制功能。

表 6.1 功能组一览表

序号	功能组名称	序号	功能组名称
1	主汽轮机盘车	21	TDBFPB 轴封汽
2	主汽轮机液压油	22	密封水收集箱泵
3	凝汽器真空泵	23	闭式冷却水泵
4	汽轮机轴封汽	24	河水升压泵

序号	功能组名称	序号	功能组名称
5	汽轮机疏水到凝汽器扩容器	25	凝结水补水泵
6	汽轮机疏水到大气扩容器	26	凝结水泵
7	发电机冷却气密封油	27	重油泵
8	发电机定子冷却水	28	轻油泵
9	锅炉预清洗	29	一次风机 A
10	锅炉启动充水	30	一次风机 B
11	过热器排汽	31	开式冷却水泵
12	省煤器和水冷壁排汽	32	暖风器冷凝泵
13	电动给水泵	33	雨水排水泵
14	给水泵汽轮机 BFPTA 辅助油泵	34	锅炉烟风通道
15	BFPTA 液力泵	35	送风机 A
16	BFPTA 盘车	36	送风机 B
17	汽动给水泵 TDBFPA 轴封汽	37	引风机 A
18	BFPTB 辅助油泵	38	引风机 B
19	BFPTB 液力泵	39	BFPT 疏水阀
20	BFPTB 盘车	40	磨煤机

方式二,将顺序控制功能组分成两个部分:锅炉顺序控制系统和汽轮机顺序控制系统。锅炉顺序控制系统包括锅炉烟风、磨煤、燃油等辅机设备及系统的控制、联锁、保护功能。汽轮机顺序控制系统包括汽轮机侧的主要辅机设备及系统的控制、联锁、保护功能。

从硬件角度看,功能组级控制与机组级顺序控制一样,也在 DCS 中实现,占用 DCS 中的相关站点和机柜。按照系统、设备的工艺特点和操作方式,将功能组合理分散到各个处理单元实现。图 6.7 和图 6.8 是某 300 MW 机组锅炉辅机功能组级控制框图,图 6.9 是汽轮机辅机功能组级的控制框图。该系统在功能组下再设功能子组,功能子组接到功能组级指令后,进行功能子组的顺序控制。

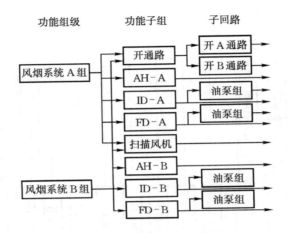

图 6.7 锅炉风烟系统功能组控制框图

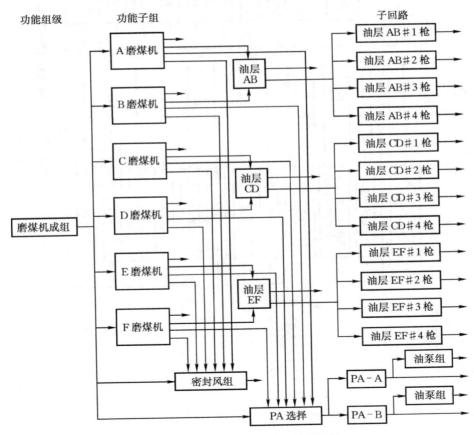

图 6.8 磨煤机、油层功能组控制框图

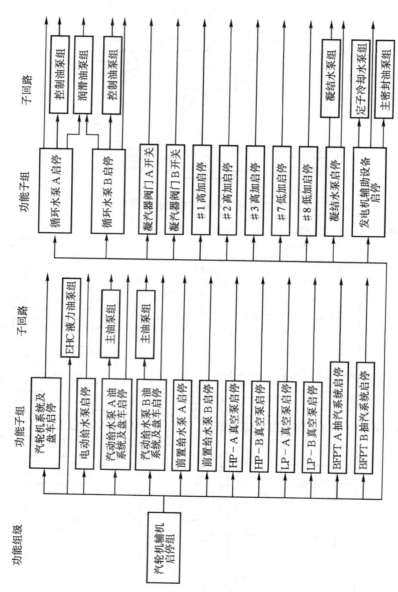

图 6.9　汽轮机辅机功能组控制框图

　　图 6.10 是送风机 A 组启动顺序控制功能子组框图。功能子组共有五个程序步，SCS 可以单独启动，也可以接受风烟系统组成 SCS 和送、引风机的启动指令，但启动许可条件有所不同。

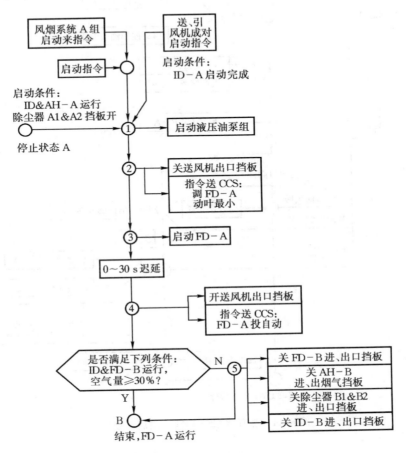

图 6.10　送风机 A 功能组启动功能组

　　图 6.11 是循环水泵 A 组启动顺序控制功能子组框图。当循环水泵 A 第一次启动(长期停运以后)有七步，一个断点；而正常启动有四步。功能子组可以单独启动，也可以接受上级功能组来的启动指令。每一步完成以后才能进入下一步程序。当循环水泵 A 启动以后，若出口阀开启失败或润滑油泵启动失败，SCS 将退出。由于功能组与联锁逻辑的共同作用，系统将回到初始状态。

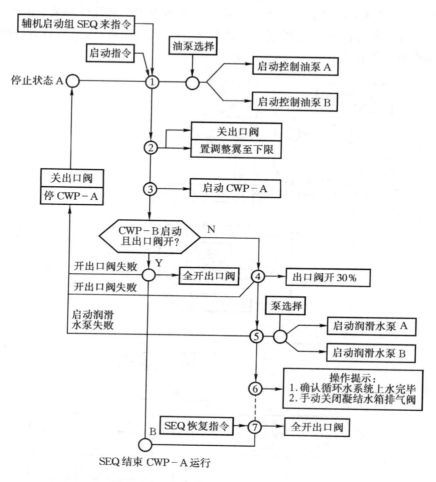

图 6.11　循环水泵 A 功能子组启动顺序

　　机组功能组的顺序控制步序分为顺序启动和顺序停止的投入(启动)逻辑,以及启动和停止步序的中止(停止)逻辑。其中,顺序启动和顺序停止的投入逻辑主要用于使顺序控制步序开始运行,使功能组中包含的设备按预先设计的顺序逐步投运或停止。一个完整的功能组包含如下三方面的基本操作。

　　① 功能组启停和自动/手动切换。用功能组级控制时,应将开关先切换到"手动"位置,然后再进行启停操作。

　　② "中止"和"释放"操作。当将控制顺序置于"释放"状态时,可对功能组随意进行启/停操作。当功能组在执行启/停指令时,若进行"中止"操作,则控制程序

停止执行。

③ 当有两台以上的冗余设备时,选择某一台设备作为启动操作的"首台设备",并有自动/手动切换开关。一般来说,当选择好"首台设备"之后,应将开关切换到"自动"位置。这样,当第一台设备启动完成之后,便会自动选择第二台设备作为"首台设备",为备用设备启动作好准备。

启动和停止步序的中止逻辑可在步序进行到任何时刻,使顺序步序复位。步序复位后,再次投入运行时顺序控制步序将从第一步重新开始。当顺序控制步序计时超过,而步进条件不满足时,将产生"步序失败"信号,使程序复位。当顺序控制步序全部完成后,顺序控制系统自动复位,进入初始状态,准备步序下一次的"投入"。下面给出引风机和汽动给水泵的启动和停止操作步序。

(1)引风机功能组　在大型机组均有 A、B 两台引风机,两台引风机的控制系统基本相同,表 6.2 给出了引风机 A 功能组的顺序启动步序,引风机是该功能组的主要设备。表 6.3 给出了引风机 A 的顺序控制停止步序。

表 6.2　引风机 A 功能组顺序启动步序

步序	条　件	指　令
1	两台空气预热器均运行 若启动第二台引风机则要求至少有一台送风机已运行 无 FSSS 自然通风请求	启动引风机 A 电动机油站 发出建立空气通道请求
2	引风机 A 电动机油站运行 引风机 A 电动机油站油压正常 引风机 A 本体温度正常 至少一条空气通道已建立	关闭引风机 A 出口挡板 关闭引风机 A 入口挡板 关闭引风机 A 动叶
3	引风机 A 出口挡板已关 引风机 A 出口挡板已关 引风机 A 动叶在关位	启动引风机 A 电动机
4	引风机 A 电动机运行 延时 30 s	开引风机 A 出口挡板 开引风机 A 入口挡板
5	引风机 A 出口挡板已开 引风机 A 入口挡板已开	若为自启停启动,则将动叶投自动
6	程启完成	

表 6.3　引风机 A 的顺序控制停止步序

步序	条　　件	指　　令
1	一次风机均停或两台引风机均运行 机组负荷降到 50% 以下	关闭引风机 A 动叶
2	引风机 A 动叶在关位	关闭引风机 A 出口挡板 关闭引风机 A 入口挡板
3	引风机 A 出口挡板已关 引风机 A 入口挡板已关	停引风机 A 电动机
4	引风机 A 电动机已停 延时 60 s	停引风机 A 电动机油站
5	引风机 A 电动机油站已停	程停完成

　　下面条件同时具备,引风机允许启动:引风机入口挡板已关;引风机出口挡板已关;引风机动叶已关;引风机本体温度正常;引风机电动机油站已运行;两台空气预热器均运行;至少有一条空气通道已建立;无引风机跳闸条件。

　　下面条件同时具备,引风机允许停止:一次风机均停或两台引风机均运行;机组负荷降到 50% 以下。

　　当引风机在运行状态中,若出现下列条件之一,则引风机跳闸:引风机电动机运行 60 s 后入口挡板仍未全开;引风机电动机油站停 60 s 后;两台空气预热器均停;引风机本体温度高 3 s;引风机发生喘振 15 s;引风机振动大 15 s。

　　(2) 汽动给水泵启动功能组　　在火电厂中一般设计两台汽动给水泵,两台汽动给水泵的控制系统基本相同,汽动给水泵 A 功能组的顺序启动步序如表 6.4 所示,顺序停运步序如表 6.5 所示。

表 6.4　汽动给水泵 A 功能组顺序启动步序

步序	条　　件	指令
1	小机 A 润滑油系统已经建立 小机 A 盘车已投入 再热汽压力大于 3.5 MPa 四抽至小机压力 0.25 MPa 除氧器水位正常	启动汽动给水泵 A 前置泵 汽动给水泵 A 再循环阀投自动
2	汽动给水泵 A 前置泵已经运行 汽动给水泵 A 再循环阀在自动	小机 4 疏水阀投自动 开四段抽汽至 A 小汽轮机电动门 开冷段至 A 小汽轮机电动门
3	汽动给水泵 A 疏水阀组已开 四段抽汽至小汽轮机电动门已开 冷段至 A 小汽轮机电动门已开 延时 300 s	开 A 小汽轮机排汽电动门
4	A 小汽轮机排汽电动门已开	启动 A 小汽轮机请求到 MEH
5	汽动给水泵 A 出口给水压力小于母管压力 1 MPa	开汽动给水泵 A 出口电动门
6	汽动给水泵 A 出口电动门已开	程启完成

表 6.5　汽动给水泵 A 功能组顺序停止步序

步序	条　件	指　令
1	无	A 小汽轮机停止请求到 MEH
2	A 小汽轮机已经跳闸	开汽动给水泵 A 再循环门 小机 A 疏水阀投自动
3	汽动给水泵 A 再循环门已开 汽动给水泵 A 疏水阀组已开	关汽动给水泵 A 出口电动门 关四段抽汽至 A 小汽轮机电动门
4	汽动给水泵 A 出口电动门已关 四段抽汽至 A 小汽轮机电动门已关 延时 60 s	停汽动给水泵 A 前置泵
5	汽动给水泵 A 前置泵已停	关汽动给水泵 A 入口电动门
6	汽动给水泵 A 入口电动门已关	程停完成

6.2.3　设备级

　　设备级控制是顺序控制系统的基础级。设备级控制也有自动和手动两种方式。在自动方式下,既可以接收功能组的启停指令,也可以根据有关设备的运行状态和运行参数,进行自动启停控制。以凝汽器真空泵 A 为例,其控制原理如图 6.12所示。

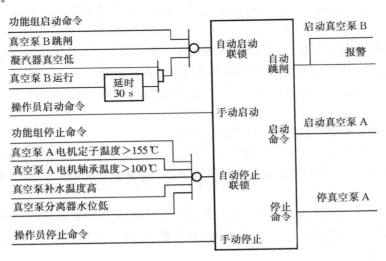

图 6.12　凝汽器真空泵 A 控制逻辑

当满足下列条件之一时,自动启动真空泵 A:① 功能组启动命令;② 真空泵 B 自动跳闸;③ 真空泵 B 运行 30 s 后,凝汽器真空仍低。

当满足下列条件之一时,自动停止真空泵 A:① 功能组停止命令;② 真空泵 A 电动机定子温度大于 155 ℃,或电动机轴承温度大于 100 ℃;③ 真空泵 A 补给水温度高;④ 真空泵 A 分离器水位低。

在手动方式下,运行人员在操作员站键盘上发布命令,即可启动、停止真空泵。

6.3　输煤顺序控制

6.3.1　输煤控制系统的任务

输煤系统是火电厂中的一个重要部分,承担的主要任务是从煤码头或卸煤沟至储煤场或主厂房运煤。输煤系统的安全、可靠运行是保证全厂安全、高效运行必不可少的环节。输煤系统具有如下特点:第一,输煤系统基本处于半露天状态,劳动强度大,输煤系统的运行环境恶劣、脏污;第二,输煤系统的设备多达几十台,这些设备在启动和停止过程中,必须按照严格的顺序,保证按逆煤流方向启动,顺煤流方向停止进行操作,且启停过程设备多且安全联锁要求高;第三,为了保证锅炉用煤,输煤系统必须始终处于完好状态,日累计运行时间达 8～10 h 以上。

随着锅炉容量、燃料品种、进厂煤的运输方式、环境气候条件、卸煤方式和场地条件不同,输煤系统的工艺有很大差别,但输煤控制系统的任务基本相同,主要包括:

(1)卸煤控制　按火车运输或船舶运输,卸煤控制可以分成底开车、翻车机或卸船机控制。其中也包括叶轮给煤机或皮带给煤机控制。

(2)运煤控制　解决运煤皮带机的启停控制及保护联锁,出力指示,紧急跳闸保护等。

(3)斗轮堆取料机控制　用于堆煤和取煤。

(4)配煤控制　由质量传感器、超声波料位计或其它物位探测装置测定主厂房原煤仓的煤位,从而决定各煤仓的煤量分配。常用的设备有犁式卸煤器、卸煤车等。

(5)转运站控制　用于运行方式及路径的切换,主要控制各种分流设备,如挡板、分煤门、闸板门等,也包括辅助设备,如磁铁分离器、金属探测器、木块分离器及给煤机控制。

(6)碎煤机控制　用于碎煤机启停控制及负荷保护,振动、超温保护联锁。

(7)辅助设备控制　包括取样装置、除尘和集尘装置、暖通空调、冲洗排污、消防火警等装置的控制。

（8）计量　带有瞬时值、累计值指示、打印、记录的电子皮带秤，可显示并记录进煤量、耗煤量等。

（9）安全报警　设备和人员的安全保护动作，设备异常，煤仓间煤位高、低、超高、超低，动力电源故障，输煤设备及辅助、火警、除尘、集尘、取样、暖通系统的故障等均有事故报警。

6.3.2　输煤程序控制系统

输煤控制系统有就地手动控制、集中手动控制以及自动程序控制三种控制方式。就地手动控制的设备安装在设有启停控制按钮的就地小型控制箱内，控制箱能够简单反映设备运行、报警状态。就地手动控制不能实现复杂的联锁要求，这种控制方式，只作为设备检修、调试时的辅助控制手段。集中手动控制将设备的启停控制集中在一个控制屏上，其联锁保护通常由继电器逻辑阵列实现。控制屏上配置有设备运行工况的模拟指示、信号报警。集中手动控制能够实现简单运行方式控制及设备启停联锁。但电缆敷设量大，接线复杂，一旦设计安装完成，其运行方式将不易改变。

1. 自动程序控制

目前运行的较大规模的电厂和正在建设电厂，几乎都采用以 PLC 为主控设备的输煤自动程序控制系统。自动程序控制虽然一次性投资较高，但具有可靠性高、控制方式灵活等优点。由于输煤系统的特殊性，自动程序控制系统必须具有如下基本的联锁保护功能。

① 所有设备按逆煤流方向启动，顺煤流方向停止运行。

② 在运行中，任一设备发生事故跳闸时，立即联跳逆煤流方向除碎煤机外的所有设备。

③ 落煤管堵煤时，启动振动器进行振打，延时等待。延时结束后仍有堵煤信号，停止进煤流方向除碎煤机之外的所有设备；如果在延时间隔内堵煤信号消失，则继续正常运行。

④ 皮带严重跑偏或打滑时，适当延时（一般 2 s）后停运本皮带机并联跳逆煤流方向除碎煤机之外的所有设备。皮带机启动后 10 s 内打滑信号不消失则皮带机跳闸。

⑤ 电动挡板和犁煤器的控制信号采用定时长信号，定时时间稍大于机械动作时间，当达到定时时间而机械还没有到位时，说明机械部件在运行过程中卡死，应该发出卡死报警信号。

⑥ 磁铁分离器和金属探测器故障只发预告信号，不停其它设备。

⑦ 非磁性金属探测器探测到金属后,停止本皮带机并联跳逆煤流方向设备,同时发出警告信号。

⑧ 在下列情况下碎煤机跳闸:a. 碎煤机的过负荷保护作用;b. 就地和远方手动跳闸;c. 碎煤机入口门未关上;d. 碎煤机超振保护作用。

⑨ 除尘设备中,煤仓层除尘设备连续运行,其余除尘设备与皮带机联锁启停。

以上是输煤程序控制系统必须满足的基本联锁保护功能,在进行输煤系统设计时,还需要根据具体的工艺和设备来规划和设计控制功能。

2. 工业电视监视系统

由于输煤系统工况较差,一些运行状态信号、保护装置还不成熟,可靠性较差,可通过工业电视辅助监视现场设备的运行状态。目前工业电视的控制已实现了智能化,都有监视状态的预置和自动调用功能,每个摄像镜头可设置几个监视点。由PLC提供调用每个监视状态点的控制触发信号,避免运行人员频繁操作。输煤系统电视监控系统应该具有自动跟踪监视、故障报警跟踪监视和自动巡视功能。

自动跟踪监视把短时工作并且只在工作状态时需要监视的设备作为监视对象,当某台设备投入工作时,其工作状态信号由PLC提供给工业电视控制系统,控制系统把监视该设备的摄像镜头调整到当前的操作对象,实现自动跟踪监视。例如:某个摄像镜头监视A、B、C、D四台犁煤器,可以设置四个监视状态分别监视这四台犁煤器,当A犁煤器落下时,其落到位信号送入PLC,PLC把该信号送到工业电视监视系统,自动调用监视A犁煤器的监视状态。

故障报警跟踪监视则是把设备的故障报警信号作为调用监视镜头的控制信号,当某设备故障报警后,可立即自动监视故障设备,以确认故障的真实性。

自动巡视把运行时间较长但不需要实时监视的设备作为监视对象,把在同一个流程的设备编制成一组,循环监视组内设备,使集控操作人员掌握运行设备的现场情况。

3. 除尘设施和排污设施控制

除尘设施和排污设施纳入程序控制系统,可以根据输煤设备的运行状态自动启动除尘设施和排污设施。输煤系统的粉尘主要是输送皮带启动时,粘在皮带上的煤泥干燥后扬起的,所以电厂输煤系统的除尘措施是清除输送皮带上的黏煤和避免取干煤时产生粉尘。清除输送皮带黏煤的方法是在每条皮带的尾部滚筒处加装喷水装置,在输送皮带正常停运时开启冲洗皮带,同时自动启动排污装置,及时排除产生的冲洗水,避免淹没设备和污染现场;在输送皮带非正常停运时则不能开启喷水装置,否则输送皮带再启动时会发生打滑现象。避免取干煤时产生粉尘的方法是输送皮带头部加装喷淋装置,当煤较干时开启该装置喷水,增加煤的湿度。

只有把除尘装置和排污装置纳入程序控制系统,才能根据实际情况有选择性地投入运行或退出以上两种除尘装置。实现输煤系统除尘降尘,有效改善现场环境。

4. 输煤程控系统的故障诊断及处理

为保证输煤系统运行的安全性和可靠性,程序控制系统还应该及时捕捉、准确诊断现场故障信号,并对现场设备采取保护措施。输煤系统的故障依据性质划分为两类故障:一类故障可由现场检测开关的状态直接判断,如落煤管堵煤、皮带跑偏等;另一类故障则需要通过软件系统作相应的处理、分析才能够确定,如犁煤器、三通挡板不到位故障等。对这两类故障,程序控制系统软件都应该及时捕捉并进行联锁保护和报警。

直接由现场检测开关状态得到的故障信号有多种,包括电动三通管堵煤、皮带轻度及重度跑偏、皮带打滑、辊轴筛堵煤、煤仓及筒仓高或低煤位、现场拉绳开关闭合等。这些信号状态产生后需要相应的延时处理才可断定是否真正出现了故障,以免误报。例如进行皮带打滑故障判断时,因皮带在启动时速度是逐渐增大的,所以需在皮带运行状态稳定之后再进行判断处理。非开关状态信号故障由控制逻辑判断或上位机监控软件分析获得。包括主要电动机电流越限或异常、煤仓或筒仓的高或低煤位、电动三通管的切换不到位、电动犁煤器的抬落不到位、除铁器不到位、皮带重度打滑等。一旦有严重故障发生,控制系统立即采取停止流程、停止相关设备等措施,防止故障进一步扩大,保护设备安全。

输煤系统运行过程中产生的故障类型很多,处理方法也不同,有些故障只需报警,以提醒值班人员注意。如皮带轻跑偏、皮带电动机电流越限、煤仓或筒仓高煤位等。对严重故障,如皮带重跑偏、重打滑、撕裂、电动三通管堵煤等,则必须立即停止故障设备,并通过联锁停止其上游所有设备。故障报警采用声、光等手段实现。即利用多媒体技术合成语音通过扬声器播放发生的故障类型,并在 CRT 上的报警窗口显示故障发生时间、故障类型及判断故障原因,故障信息带闪烁。发生故障时,工业电视监视系统的画面应该自动切换至故障设备以确认故障。

6.3.3　输煤控制系统示例

输煤系统的工艺流程取决于电厂的实际环境条件,各个电厂输煤系统的配置不尽相同,输煤程序控制系统也有所差别,这里对某 4×600 MW 燃煤机组电厂的输煤程控系统作简要介绍。该电厂年用煤量约 493.46 wt,按日来煤不均衡系数1.2 考虑,日最大来煤量 21 532 t,日进煤车 359 辆(按 60 t/辆)。按每列 50 辆煤车计算,日进厂列车数为 7 列。

1. 系统构成

系统采用双主机热备配置的 PLC 进行控制,两台冗余配置的工业控制计算机进行监控和操作,工控机与 PLC 通过交换机,用以太网方式进行数据传输,不另设操作控制台及显示模拟屏,只在上位机监控台上设紧急停机按钮,原理如图 6.13 所示。

PLC 系统配置为分布式远程 I/O 结构。4 个 RIO 远程站分别设置在 1、2 号机主厂房煤仓间,3、4 号机主厂房煤仓间,及 1、2 号转运站。主机、各远程站之间配置冗余的双电缆进行数据传输和通信。这种将 RIO 远程站配置在就地的结构可以大大节省电缆投资和费用,也便于调试和维护。

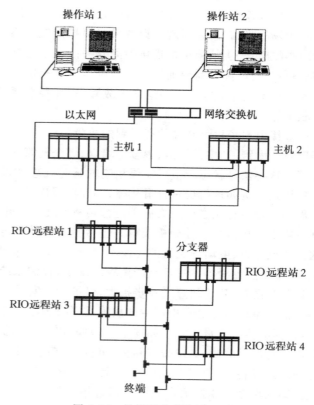

操作员站集过程监控、打印管理为一体,设置在输煤控制室内,输煤控制室还配备有控制台、电源柜、PLC 柜、继电器柜、仪表柜等。用于安装 PLC 主机、I/O 机架、I/O 单元、继电器等。

同时该输煤系统也配置了工业电视监控系统,

图 6.13　输煤程控系统原理图

工业电视监控点设置在翻车机室、煤场、各转运站、碎煤机室、转运层、煤仓层。输煤系统程控设备发生故障时,PLC 通过语音报警装置提醒操作员。

2. 程控系统流程

图 6.14 为输煤系统自动程序控制流程。输煤系统在自动程序控制方式下启动时,程控系统自动检查所选设备的状态是否满足启动条件,若设备不满足启动条件则发出报警提示和报警语音,PLC 的控制逻辑禁止自动启动。当所选流程有效时,逐步进行操作,直到系统进入自动运行状态。在自动运行中,某一设备出现故障或事故时,如皮带过行程、跑偏、打滑或堵煤等,立即停止该皮带,同时联跳逆煤流方向的所有设备,故障点下游设备保持原工作状态不变。故障解除后,先进行

"复位"操作,再重新进行"预启"操作,从故障点向上游重新延时启动设备;也可在故障未解除时,执行"程停"操作,从故障点下游开始顺煤流方向逐台按预定的延迟时间顺序停止各设备。紧急停机时,全线运行设备立即停止运行,碎煤机延时 30 s 后停机。

上煤结束后,操作人员在操作画面上用鼠标点击"程停",则设备根据所选择的流程从煤源设备开始顺煤流方向逐台按预定的延时时间顺序停止设备。

在输煤程控系统中,可以进行自动配煤,自动配煤的流程如图 6.15所示。

自动配煤方式指完

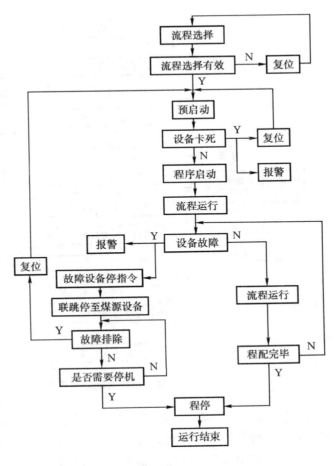

图 6.14　输煤系统自动程序控制流程

全根据现场的煤位信号,自动控制犁煤器的起落,完成加仓配煤。在"自动配煤"方式下,当输煤系统发出"程启"操作后,配煤皮带先运行。当配煤皮带出现运行信号后,首先向出现超低煤位报警的仓进行超低煤位加仓配煤,直至煤仓超低煤位状态消除。然后依次逆煤流方向对出现低煤位报警的仓进行低煤位加仓配煤。进行消除煤仓低煤位的配煤过程中,若某一仓出现超低煤位,则立即转向此仓进行加仓配煤。待超低煤位信号消失后,再转至原低煤位仓配煤。所有低煤位信号消失并延时一定时间后,从第一仓开始进行定时顺序循环配煤,顺序将所有煤仓配至高煤位。在此过程中,若有某一仓出现低煤位,则自动对此仓进行加仓配煤,待低煤位消失并延迟一定时间再返回原煤仓进行加仓配煤。在顺序配煤过程中自动跳过出现高煤位点的煤仓。当所有参加配煤的仓均为高煤位后,自动从煤源开始延时停

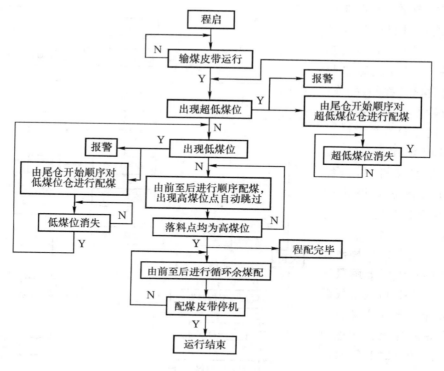

图 6.15　自动配煤流程图

设备,同时从第一个原煤仓位置开始进行皮带上余煤配给。在此过程中依顺煤流方向一直配到最后位置后再回到第一位置循环配煤,直至配煤皮带停机为止。在顺序余煤配过程中出现超高煤位点不再参加配煤。

　　"手动配煤"方式则由操作员根据现场的煤位,通过上位机一对一操作犁煤器的起落,完成加仓配煤。"就地配煤"是指犁煤器在现场就地解除与程控室的联系,此时上位工作站上的犁煤器出现"就地"的指示,在现场就地进行加仓配煤。

6.4　吹灰程序控制

6.4.1　概述

1. 吹灰的必要性

　　在燃煤锅炉运行中,受热面的积灰和结渣是不可避免的,严重积灰和结渣对于锅炉的正常运行非常不利。灰污的热阻很大,附着在受热面上将降低受热面的吸热能力,使得传热效率降低。炉膛及后续受热面传热效率降低将导致各个受热面的吸热量减少,炉膛出口温度、锅炉排烟温度升高,锅炉整体效率下降,受到污染后锅炉效率将降低 1%～2.5%,排烟温度升高十几度。

某 600 MW 燃煤锅炉运行记录显示,机组满负荷(100%±3%)运行时,一个吹灰周期(6 h)内排烟温度随时间的变化规律如图 6.16 所示,排烟温度在 130.7～144.7 ℃之间。由锅炉主要运行数据和排烟温度变化规律可以得出满负荷运行时锅炉效率随时间的变化统计规律如图 6.17 所示。

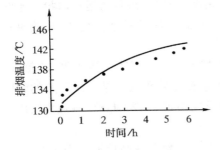

图 6.16　排烟温度曲线

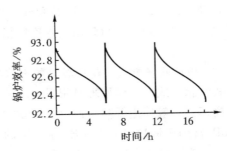

图 6.17　锅炉效率曲线

从图 6.16、图 6.17 中可以看出,吹灰器运行后,锅炉排烟温度达到最低,锅炉效率达到最大值;随着时间推进,锅炉受热面积灰增加,锅炉排烟温度逐渐增加,效率逐渐降低。可见吹灰在锅炉运行中非常重要。积灰和结渣不仅使得受热面的吸热能力降低,而且会引起受热面表面温度过高,导致受热面金属超温和高温腐蚀,甚至出现管排爆漏。此外,较大的渣块坠落还会引发锅炉安全问题。

2. 吹灰方式

(1) 钢珠除灰方式　钢球必须直接作用于换热器表面才能达到预期的效果,这种除灰方式往往受到锅炉受热面及烟道等处不规则形状的限制,很难覆盖整个受热面所有的积灰区域,留下许多死区不能够清除。钢珠除灰装置使用中,由于钢珠的散落、粘连、锈蚀等会造成较大的损耗,需要不断地补充。还常因钢珠在储珠斗内结成团块,影响吹灰作业的正常进行。而检修好的除灰器放置几天不用,又会被锈结的钢珠堵塞,恶性循环,使钢珠除灰装置较难发挥应有功能,目前已基本退出使用。

(2) 蒸汽吹灰方式　目前我国电站锅炉和工业锅炉上应用最多。其工作原理是:以过热蒸汽为介质,在 0.8～0.2 MPa 的压力下,通过吹灰枪的喷嘴,直接冲击热交换器的表面,将表面的积灰去掉,防止结渣。不论是燃煤炉、旋风炉,还是燃油炉或油气混烧炉,在锅炉的炉膛、过热器、再热器等处 900 ℃以上高温区段,蒸汽式吹灰效果基本能满足锅炉运行时除灰、除渣的需要。这种吹灰器的缺点是运行时由于机械和电气等原因,会导致吹灰管卡在炉内不能退出,炉膛吹灰器有时会吹爆炉管。虽然蒸汽吹灰器还存在着许多问题,但蒸汽吹灰器仍然是当前锅炉吹灰器的主流产品。

(3)水吹灰器　主要用于吹除水冷壁表面的灰渣,目前在国外某些大型机组上使用较多,国内很少使用。主要型式有旋转推进式和固定式两种。它的工作原理是:将高压水流喷射到炉膛壁的沉积物上,靠冲击力和温度应力,使沉积的灰渣龟裂松动,最后被冲掉。热态试验和统计结果表明:当锅炉满负荷运行时投入水吹灰器,炉膛负压、炉膛出口烟温及水冷壁沿程介质温度均无明显变化,吹灰效果良好。

(4)声波吹灰方式　使用较多的声波吹灰器大约分为三个主要类型:旋笛式、振膜式和脉冲式。工作原理是用强力声波的振动能量将积灰和结渣从炉膛的管壁上脱离掉。一般采用低频声波(20～400 Hz)或次声波(≤20 Hz),声强为140～155 dB,常用于锅炉尾部省煤器、预热器的吹灰。

(5)燃气冲击波吹灰系统　自1994年国产第一套燃气高能脉冲吹灰装置投入运行以来,已经在全国数百台电厂锅炉、化工行业加热炉、有色金属冶炼余热炉和水泥余热炉上得到推广和应用。燃气高能脉冲吹灰装置对安装位置、环境适应性越来越宽,而其除尘、除焦的效果也较为明显。

6.4.2　吹灰控制系统

1. 吹灰系统

以蒸汽吹灰系统的程序控制为例,蒸汽吹灰器一般包括炉膛吹灰器、过热器吹灰器和固旋式吹灰器三部分,分别装设在水冷壁、对流受热面及空气预热器处。

炉膛吹灰器用于吹扫锅炉四周水冷壁上的积灰和结渣,由于水冷壁紧靠炉墙,所以它在工作时一般深入炉膛不深(30～50 cm)。

过热器吹灰器用于吹扫过热器的积灰和结渣。为了有效吹扫过热器上的积灰,吹灰器的吹灰枪在工作时必须伸入炉膛5～8 m,故也称为长伸缩式吹灰器。吹灰时,一边前进(或后退),一边转动作螺旋运动。喷头上的两个喷嘴沿螺旋线轨迹将两股射流射向对流受热面达到清除积灰和结渣的目的。

固旋式吹灰器安装在锅炉尾部烟道,没有可伸缩的吹灰枪,吹灰时喷头只作旋转运动,所以称之为回旋式吹灰器。固旋式吹灰器一般用来对省煤器和空气预热器上的积灰和结渣进行吹扫。

吹灰系统的汽源一般设计为三个:过热器分隔屏出口集箱、屏式过热器出口集箱以及辅助蒸汽。

2. 吹灰控制系统组成

　　一般用 PLC 和监控计算机实现吹灰程序控制的操作和过程监视。以 PLC 为
核心的吹灰顺序控制系统可以灵活地组成不同的吹
扫程序,其操作简便,程序修改方便,可靠性强,显示
清晰,能满足各种不同的运行方式。

　　吹灰程序控制系统的典型结构如图 6.18 所示。
在程序控制系统中,使用工控机为上位机,完成吹灰
系统的监控和管理功能。PLC 作为控制装置,完成
吹灰系统的程序控制。通信单元完成与上位机的通
信,开关量输入单元接收吹灰器限位开关和进排汽
阀的状态,开关量输出单元控制吹灰器电动机接触
器以及进排汽阀,还在 PLC 中配置模拟量单元用于
接收吹灰器的电动机电流信号。

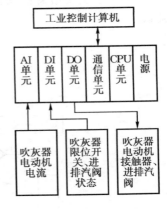

图 6.18　吹灰程序控制系统结构

3. 控制系统功能

　　(1) 控制功能　吹灰程序控制系统一般设计四种运行操作模式:模拟运行、集
中自动、集中手动和就地手动。系统具有吹灰器组选择功能(即所有吹灰器按燃
烧区段分为若干组,能实现选组吹灰及跳组吹灰),同时还具有对单台吹灰器跳台
吹灰的置位、复位和验证功能,具有程序暂停/恢复功能;具有吹灰器的紧急退回功
能;当 PLC 发生故障时,能自动发出声光报警信号。

　　(2) 联锁和保护功能　为了保证吹灰系统的正常运行,保护设备的安全,程序
控制系统必须具有如下严格的联锁保护功能。

　　① 吹灰介质参数不正常(压力、温度、流量)时,系统应有声光报警,程序暂停,
吹灰器自动退出,不允许进一步操作等功能,待介质参数恢复正常后程序继续运
行。

　　② 当吹灰器吹灰超过正常时间时,必须使其后退,若后退超时,则自动停止程
序运行并发出声光报警,直到运行人员消除故障并按下报警复位按钮后,程序才能
继续运行。

　　③ 若吹灰器电机的工作电流超过其额定电流时,发出声光报警,吹灰器退回。

　　④ 如果过流持续存在,发出过负荷声光报警信号,程序中止运行,驱动电源切
断,马达停止运转以保护电动机。

　　⑤ 锅炉故障报警,在集中自动运行过程中,若出现炉膛压力高、MFT 动作等
情况时程序立即中断运行,吹灰器退出并发出声光报警信号。

⑥ 当控制柜工作电源消失、动力电源(即吹灰器电机电源)消失或阀门开启和关闭时间超过规定值时,应有声光报警信号。

图 6.19 为吹灰控制流程图,吹灰系统在电厂控制系统中属于相对独立的控制系统,但为了实现信息的交换和共享,在程序控制系统中还应该设计与 DCS 的接口。

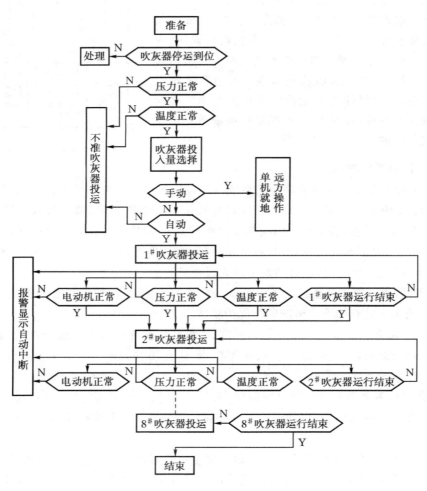

图 6.19　吹灰控制流程图

6.4.3　吹灰系统优化运行

蒸汽吹灰器的运行是用一定量的蒸汽消耗来换取受热面的清洁。蒸汽吹灰的耗汽量一般占蒸汽总产量的 1%，消耗锅炉热效率的 0.7%，电厂效率的 0.1%。如果不及时吹灰，虽然降低了吹灰器消耗量，但是由于受热面受污染将导致锅炉效率降低；如果吹灰过于频繁，虽然保证了受热面的清洁，提高了锅炉的热效率，但吹灰器消耗量也将大大增加。此外，还要考虑安全性。吹灰不及时将使得受热面表面温度升高，导致高温腐蚀；吹灰过于频繁将破坏管壁外的氧化膜保护层，使磨损加大。在保证安全性的前提下，吹灰器的运行必定有一个经济性平衡点。

目前在电厂中，吹灰器的运行大多是由运行人员根据经验，定时将全部受热面吹扫一遍，很难找到经济平衡点。从经济角度考虑，应该对吹灰器的运行加以优化。用计算机代替运行人员的经验判断，在保证安全性的前提之下，根据经济性原则，用不定时的动态调度代替定时吹灰。由计算机根据实时参数进行判断，并给出吹灰运行的费效比。何时吹灰、吹扫哪块受热面、投运几个吹灰器就成了吹灰优化的核心内容。一个完善的吹灰运行优化系统是个复杂的工程系统，包括积灰监测、电厂热效率计算、锅炉计算模型、在线灰沉积预测模型、成本分析与优化、自动控制操作等几部分。

6.4.4　除灰除渣控制系统

火力发电机组除灰除渣系统，常采用负压将电除尘器下灰斗的灰收集至中转仓，再利用正压系统将灰从中转仓泵输送至灰库，然后转运到厂外综合利用。除灰除渣系统，工艺设备较分散，距离较远，范围大。运行时，要求按严格的相关条件和联锁关系及压力参数来控制运行。根据系统特点，采用控制室集中监控方式，以利于运行人员的操作。

在系统工艺设备附近，设有就地操作箱。操作箱设有自动/手动转换开关及手操开关，便于设备投运前的调试和故障后的检修。

6.5　水处理程序控制

6.5.1　水处理系统工艺流程

电厂水处理工艺主要包括预处理、补给水处理、凝结水处理、循环水处理以及废水处理等。其中最为主要的是补给水和凝结水处理，它是整个电厂水处理的核心。电厂水处理系统的工艺与电厂实际情况有关，在具体配置时有一定差别，下面

以某 2×600 MW 机组水处理系统为例,对其工艺过程和控制系统作简要介绍。

1. 预处理系统

预处理系统主要是对原水进行澄清及过滤,其预处理流程如图 6.20 所示。从水源引入厂区的水,首先经原水池用生水泵抽到澄清池中澄清,含有的泥沙大部分沉到池底,加药量根据原水的浊度及流量进行,澄清水经过澄清池的上部自流阀流入双阀滤池,双阀滤池对水中的细小杂质进行进一步过滤,水经过滤后成为清水流入清水池。预处理系统受控设备有阀门、生水泵、加药泵以及搅拌机和刮泥机等。

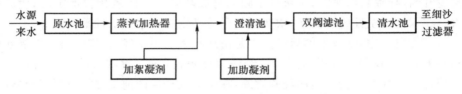

图 6.20　预处理工艺流程

2. 补给水处理

补给水处理是电厂水处理的关键部分,主要利用离子交换器置换出预处理来水中的阴阳离子,给锅炉提供合格的补给水。为了去除盐分和其它杂质,在离子交换器处理之前增加了细砂过滤器、活性炭过滤器及反渗透装置为预处理来水作进一步的过滤及除盐处理。处理流程如图 6.21 所示。

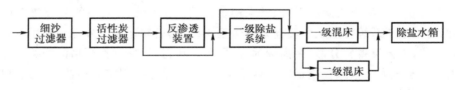

图 6.21　补给水处理工艺流程图

从清水池来水经细砂过滤器及活性炭过滤器过滤后进入反渗透装置,或一级除盐系统除盐后进入混床,经二次除盐流入除盐水箱作为锅炉补给水。一级除盐及二次除盐出口均设有导电度、硅离子浓度及钠离子浓度等在线分析仪表以检测除盐效果,作为离子床体失效判断的依据,实现自动投运及再生全过程自动化。在此系统中反渗透和一级除盐系统既可串联运行又可并联运行,一级混床和二级混床同样既可串联运行又可并联运行。补给水系统操作和控制设备有电动阀门、气动阀门、水泵、罗茨风机、除炭风机、空压机、加药泵、计量泵等等。

3. 凝结水处理

为满足电厂锅炉和汽轮发电机组安全、经济运行需要,减缓腐蚀,延长机组使用寿命,电厂凝结水质必须符合相应的标准和规范。因此,发电能力在 300 MW 以上的大型汽轮发电机组均设置凝结水精处理系统,其处理流程如图 6.22 所示。

凝结水精处理系统采用混床工艺及配套的阴、阳树脂分离及再生装置,即利用阴、阳离子交换树脂吸收水中的阴、阳离子,达到纯化凝结水的目的。当树脂因饱和而丧失吸收水中的阴、阳离子能力时,利用树脂分离及再生装置,先将阴、阳混合树脂分离,再分别用碱和酸对阴、阳树脂进行再生,以恢复其离子交换能力,从而实现树脂的重复利用。实质上凝结水精处理系统出水水质的好坏,主要取决于阴、阳树脂分离和再生的效果。

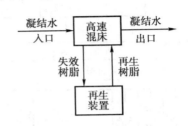

图 6.22　凝结水精处理工艺流程图

6.5.2　水处理系统程序控制系统

许多 20 世纪 70～80 年代投产的电厂,各化学水系统较为简单,顺序控制功能单一,可监控设备范围较小。顺序控制依靠时间继电器和中间继电器实现,用功能键盘进行顺序控制的启停、暂停、步进、正反洗、再生等功能。

20 世纪 90 年代,PLC 逐渐成熟并应用于电厂顺序控制。90 年代中期,化学水 PLC 控制系统逐步成为完善的微型计算机与 PLC 两级控制站结构。这种系统的控制范围已包括所有化学水处理子系统,包括净水、反渗透、补给水、废水、凝结水精处理、锅内水质分析、循环水控制等。

目前电厂基本都采用化学水综合控制系统。综合控制即为电厂所有化学水系统设计一套控制系统,采用 PLC 和上位机的两级控制结构,利用 PLC 对各个系统中的设备分别进行数据采集和控制。各个子系统以局域网形式连接在化学控制室上位机上,从而实现化学水系统相对集中的显示、操作和管理。

某 2×600 MW 机组的化学水处理控制系统及网络如图 6.23 所示。该机组水处理子系统较多,而且位置分布比较分散,所以将水处理分为补给水控制站、凝结水控制站、废水控制站以及循环水控制站,各控制站之间用通信网络连接,并且将补给水控制站作为全厂水处理控制中心,所有的水处理子系统都可以通过补给水控制站进行监控。

该机组补给水和凝结水 PLC 系统均采用 CPU 双机热备形式,PLC 选用两套配置相同的主机系统,每套主机包括一台六槽机架、一块 CPU 模块、一块热备模块(CHS)、一块远程 I/O 接口模块(CRP)、一块双 Modbus 口网络模块(NOM)和一块机架电源模块(PS)。采用光纤作为网络介质。为了提高远程 I/O 系统的可靠性,每个远程机架上还配套了两块冗余电源模块(PS)。

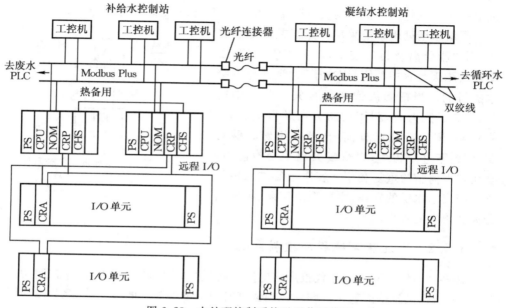

图 6.23　水处理控制系统及通信网络图

　　各控制站(包括补给水控制站、凝结水控制站、废水控制站、循环水控制站和操作站)之间采用双冗余的 Modbus 网络连接,Modbus 具有高速、对等通信、易于实施的特点。

　　上位机布置在控制室里,运行人员可在控制室监视和操作。水处理系统分为就地手动控制及远方 PLC 控制两部分。正常情况下,系统使用远方 PLC 控制,所有的操作及故障监测、趋势分析都通过控制室内操作站实现。一旦某些部分出现故障,可将控制切换到就地手动控制。由于水处理系统设备之间运行有很强的时序性,远方 PLC 控制又设置有自动、半自动、步操、点操及就地收操五种基本控制方式。

　　(1) 自动方式　系统启动后,按照系统的工艺流程、不同工艺状况,执行与工艺要求一致的控制程序。根据程序步和程序段的转换条件,自动地进行转换,实现水处理自动操作。当交换器的树脂失效时,失效的交换器通过再生程序,自动进入再生运行,直至再生后的树脂合格后重新返回到备用。程序自动运行时,当遇到紧急情况,则通过联锁和报警条件自动停止。总之,自动方式能对水处理系统从启动、运行、失效到再生后重新投运整个过程自动运行及在线监视。

（2）半自动方式　在人工干预下，操作人员通过键盘或鼠标选择某项功能操作。能自动地从第一步到最后一步完成该段操作程序。

（3）步操方式　操作人员可以通过键盘和鼠标，实现现场设备步序的成组操作，即根据系统运行的时序相关性，成组操作某一步序所涉及的所有相关设备。

（4）点操方式　操作人员可以通过键盘或鼠标，对单个可控设备（如阀门、泵及风机等）执行开/关控制，做一对一的远方操作。

（5）就地手操方式　当就地手操时，相应的设备从整个系统设备中解列，由操作人员在就地控制设备。如在泵的动力柜、电磁阀箱上可以通过按钮进行现场设备的操作。

习题与思考题

　6.1 什么是顺序控制系统？

　6.2 大型火电机组的顺序控制系统是如何组成的，结构有何不同？

　6.3 什么是火电机组的自启停顺序控制系统？

　6.4 输煤控制系统有哪些特点？有几种控制方式？分别是什么方式？

　6.5 吹灰有哪些方式？如何构成吹灰控制系统？

　6.6 水处理系统程序控制系统有哪些运行方式？

第7章 安全保护系统

火力发电机组单机容量越大,机组运行的安全性和可靠性要求也越高,机组必要的保护系统得到了广泛应用。本章介绍锅炉炉膛爆燃机理和锅炉、汽轮机保护系统。

7.1 锅炉炉膛爆燃机理

大型锅炉炉膛和制粉系统发生爆燃将造成设备严重破坏,危及人身安全,燃烧器管理系统 BMS 最基本的功能就是在锅炉运行的各个阶段,防止炉膛爆燃事故的发生。

7.1.1 爆燃基本概念

炉膛爆燃是指在锅炉炉膛、烟道里积存的可燃性混合物瞬间被引燃,由于炉膛的空间有限,使炉膛内烟气侧压力迅速升高,造成炉膛损坏。锅炉正常运行时,进入炉膛的燃料立即着火,燃烧产生的烟气经烟道排入大气。当炉膛内温度足够高、燃料与空气比例适当、燃烧时间充分时,炉膛及烟道里没有积存的可燃性物质,锅炉不会发生炉膛爆燃事故。当燃烧设备或燃烧控制系统出现故障,且运行人员处理操作不当时,就可能发生炉膛爆燃事故。发生炉膛爆燃事故时,具有三个充分条件:① 有燃料和助燃空气的存在;② 燃料和空气的混合物达到爆燃浓度(混合比);③ 有足够的点火能力。

锅炉处于不同状态下所具备的爆燃条件也不尽相同。当锅炉处于正常运行状态时,有足够的可燃混合物和点火能源,即上述三个条件中的两个满足,因此要防止锅炉爆燃只有设法防止可燃混合物在炉膛或烟道内的积存。如何避免可燃物的积存是防止锅炉炉膛爆燃的关键所在,但要做到这一点是很困难的。从发现熄火到保护系统动作,切断进入炉膛燃料的这段时间里,实际上已经有一定量的燃料进入炉膛,再加上阀门、挡板等的动作滞后和关闭不严,以及从阀门、挡板到炉膛之间还有一段管道,都可能将燃料继续送入炉膛而造成可燃物的积存。此外,控制逻辑的不合理设计、误操作、误判断都有可能导致炉膛的爆燃。

　　燃料与空气混合时才能形成可燃混合物,混合物中所含燃料浓度过大或过小均不能被点燃,爆燃浓度范围不仅与燃料的种类有关,而且与温度有关。温度高则可燃混合物的浓度变化范围扩大。在点火期可燃混合物浓度范围较小,一定要有更适当的浓度或更大的点火能量(即更高的温度),可燃混合物才能被点燃。如果由于没有足够的点火能量或浓度比不当,送入炉膛的燃料未能着火或正在燃烧的火焰中断,将有过剩的燃料和空气混合物进入炉膛,这段时间越长,炉膛内积存的可燃混合物就越多。如送入的混合物经扩散达到可燃范围,突然点燃就可能发生爆燃。

7.1.2　爆燃数学模型

发生炉膛爆燃时,进行炉膛介质压力计算需作如下假设。

1. 假设炉膛爆燃为定容绝热过程

　　由于爆燃发生在瞬间,加上火焰传播速度非常快,达每秒数百到数千米,火焰光波以球面波形式向四周传播,就相当于燃料同时被点着,在百分之几至十分之几秒内即可燃尽。炉膛烟气容积突然增大,因来不及泄压,而使炉膛压力陡增发生爆燃。因此,假定爆燃为定容绝热过程有足够的准确性。实际上,炉膛爆燃过程总需要时间,在这段时间内,爆燃产生的烟气有一定的泄出量和传热。故在这种假设前提下计算出的爆燃后炉膛内介质压力是偏大的,在应用上安全系数更大。

2. 假设炉膛介质为理想气体

　　设 V_r 和 Q_r 表示炉膛内积存的可燃混合物的容积以及单位容积混合物的发热值,则发生炉膛爆燃后放出的热量为 $V_r \times Q_r$。以 V 表示炉膛容积,爆燃后炉膛介质的总容积也是 V,瞬间爆燃放出的热量均被用以加热炉膛介质,在这一定容绝热过程中炉膛介质的温升 ΔT 为

$$\Delta T = \frac{V_r Q_r}{V c_V} \tag{7.1}$$

式中：c_V 为定容过程中炉膛介质的平均比热容。

　　根据以上的假设条件可知

$$\frac{p_2}{p_1} = \frac{T_2}{T_1} = \frac{T_1 + \Delta T}{T_1} = 1 + \frac{\Delta T}{T_1} \tag{7.2}$$

式中：p_1,T_1 为爆燃前炉膛介质的压力和温度；p_2,T_2 为爆燃后炉膛介质的压力和温度。

　　将式(7.1)代入式(7.2)得出爆燃后炉膛介质的压力

$$p_2 = p_1 \left[1 + \left(\frac{V_r}{V} \frac{Q_r}{c_V T_1} \right) \right] \tag{7.3}$$

　　由式(7.3)给出的爆燃后炉膛压力略为偏高,因为爆燃总是需要一定的时间,

在这段时间内会有热量传给受热面,还有一部分燃烧介质由炉膛出口排出去。影响爆燃后压力升高的几个主要因素如下。

(1) 可燃混合物贮存容积与炉膛容积的比值 V_r/V　　该比值是一个相对值。对某一台锅炉而言, V 为常数,只有当可燃混合物容积比较大(炉膛内积存的可燃混合物较多)时爆燃压力升高较大。因此在点火时如送入的燃料未点燃或已点燃而火焰又中断时,就应立即切断燃料,切断越快,进入炉膛的燃料就越少。

(2) 单位容积发热值 Q_r　　该热值越大,爆燃后的压力升高就越大, Q_r 值的大小同燃料空气的浓度比有关。在理论燃烧空气量时, Q_r 值最高且火焰传播速度最快。当空气量超过理论值时,热值降低,空气过多的混合物将成为不可燃物。如果混合物中燃料浓度过高则会造成氧气不足。但有一点值得说明:随着外界空气进入,高浓度的燃料将成为可燃混合物。在实际运行中,如因火焰熄灭而切断燃料,炉膛和烟道中可能有未点燃的燃料积存,暂时因空气不足是不可燃的,但是当空气扩散进入后,就可能会引起爆燃。

(3) 炉膛介质的绝对温度 T_1　　该温度越低,爆燃后的破坏压力越大。这是因为容积和压力一定时,绝对温度越低,介质的质量就越多。在锅炉点火期间炉膛温度低,这时爆燃的破坏力将更为严重。炉膛介质温度高时,其破坏力减小。化石燃料的着火温度一般不超过 650 ℃,理论上当炉膛温度超过此值就不会有爆燃情况发生。但由于燃烧器送入的混合物有一定流速,这就要求有更高的温度才能使燃料迅速点燃,一般认为当炉膛温度超过 750 ℃时可保证不发生炉膛爆燃。

在推导爆燃后炉膛介质压力时曾假定爆燃为定容过程,实际上烟气膨胀时部分烟气从炉膛出口排出。炉膛出口和烟道的阻力系数越小,排出的烟气越多,这一阻力与烟气流速的二次方成比例,爆燃能量越大,瞬间的烟速将使阻力增大很多,这时排烟降压的作用是有限的,炉墙装设的防爆门也有类似的情况,只能对局部不大的爆燃起降压作用,对能量较大的爆燃,防爆门的作用是远远不够的。

7.1.3　产生爆燃的典型工况

导致炉膛爆燃的因素是综合性的,它与锅炉及其辅机的结构设计、制造质量、安装和运行管理水平等都有一定的关系。在实际运行中,通常有以下几种典型工况容易造成炉膛的爆燃。

① 锅炉运行中,燃料、风或点火能源突然中断,使锅炉瞬间熄火,形成可燃混合物的积聚,从而引起喷火或炉膛爆燃。

② 点燃或运行中的燃烧器,一个或几个突然失去火焰,可能会使这些燃烧器堆积可燃混合物,重新着火而引起爆燃。

③ 锅炉运行中燃烧器全部熄灭,使燃料/空气可燃混合物积聚,重新点火或出

现其它点火能源时,可引起炉膛爆燃。

④ 锅炉停运期间,由于燃料关断设备(阀门、挡板)失去控制或泄漏,燃料进入闲置的炉膛形成堆积,锅炉重新启动前未经吹扫或吹扫不完全,积存的燃料突然点燃而引起爆燃。

⑤ 重复不成功的点火,而未及时吹扫,造成大量可燃物的积聚,当具备点火能量时发生爆燃。

⑥ 异常工况下,封闭的炉膛内某些部分可能形成死区,死区内积有可燃物,当着火条件具备时,这些可燃物可能被点燃并产生爆燃。

7.1.4　爆燃的防止

由上述可知,爆燃的产生必须具备三要素,只要防止其中一个要素的形成,就可防止爆燃的发生。大量的实践证明,大多数炉膛爆燃发生在点火和暖炉期间,在低负荷运行或在停炉熄火过程中也发生过。对于不同的运行工况,控制系统应该采取不同的防止爆燃的方法。

1. 点火暖炉期间

点火期间炉膛温度较低,空气尚未预热,这期间要启动的设备和进行的操作很多,很容易发生误操作。按照合理的操作规程,采取合适的措施就可以有效防止炉膛爆燃。

(1)炉膛吹扫　在点火器点火前应保证炉膛与烟道内没有积存可燃混合物。因此,大型锅炉 BMS 均设计了锅炉吹扫逻辑,在点火前用空气吹扫炉膛和烟道,锅炉吹扫完成是 MFT 复位的必要条件。吹扫逻辑将积存的燃料吹扫出炉膛和烟道,同时还要防止燃料流入炉膛和烟道。为能达到吹扫目的,吹扫时要有一定的换气量和一定的空气流速,一般要求换气量不少于炉膛容积的四倍,而空气流量应不小于额定负荷时空气流量的 25%,以免被吹起的燃料又积存下来。吹扫时间必须持续 5 min,保证吹扫的彻底性。另外,在 5 min 吹扫前,一般应该先进行油系统泄漏试验,检查燃油系统的严密性,防止燃油在停用时、吹扫后或点火前漏入炉膛。

(2)锅炉点火　点火时最危险的情况为点火器已点着,但能量过小,不足以把燃烧器点燃,这时火焰检测器可能检测到火焰(点火器火焰),而实际上燃烧器并未点燃。如果点火延迟时间过长、点火次数过多都有可能导致燃料在炉膛中积存,待燃烧器点燃后又会把积存的燃料一起点燃,形成爆燃。因此在逻辑设计中,若 10 s内油枪未能点燃,就应立即切断油枪油源,如果首次点火连续 2～3 次失败,则应该发生 MFT,对炉膛积存的燃料进行吹扫。投煤粉时,还要求具有足够的点火能量,如对应的油枪已投运或锅炉负荷大于 50% 等。

煤粉炉,点火初期常有压力跳动,这种压力跳动实质上是小规模的爆燃。为了点火工况的稳定,避免炉膛压力跳动,最初送入的主燃料量和空气量应由小逐渐变大。若风煤混合物的流量过低,会引起煤粉在粉管中的积存;为防止煤粉的积存,增加空气量又会使煤粉浓度太低,影响着火。故在 BMS 中,制粉系统启动时都设计有给粉量、配风量的最小值或点火值,如启动条件要求给煤机转速最低、风门开度到点火位等,以防运行人员的误操作,保证一定风粉混合物的浓度和流量,使给煤量和进风量由小逐渐增大。

2. 火焰中断时

锅炉正常运行时,如果风煤比调整得当,且炉膛温度较高(大于 750 ℃)一般不会发生灭火和爆燃。在锅炉启、停过程及低负荷或变动负荷运行中,运行参数变动较大,常因进入炉内的燃料量与风量动态控制不当而发生燃烧不稳,导致锅炉火焰中断,此时若未能及时采取紧急保护措施,继续让燃料进入炉膛,有可能造成炉膛爆燃。通常,引起锅炉火焰中断有以下几种情况:

① 锅炉低负荷运行时,由于风煤配合不当,引起燃烧不稳而熄火;

② 低负荷运行时,炉膛温度较低,下粉不均、风煤配合不当,引起燃烧不稳而熄火;

③ 煤质突变,引起风煤不平衡,导致燃烧不稳灭火;

④ 锅炉燃烧设备或控制系统故障,引起燃烧突变、燃烧不稳而熄火;

⑤ 锅炉结焦,炉膛掉大焦、负压摆动、冲击火焰而熄火。

如果燃烧器的火焰熄火,就应立即切断燃料,否则进入的燃料将积存在炉膛中,这段时间越长,进入的燃料就越多,形成严重破坏性爆燃的可能性越大。任一燃烧器火焰熄灭,都应立即切断该燃烧器的燃料。如全部火焰熄灭,则应立即切断全部燃料,因此在 BMS 中设计了燃烧器火焰保护和全炉膛火焰保护。在高负荷时,发生火焰中断后,控制系统在火焰熄灭后只关断燃料阀是不够的,因为还有其它无法控制的因素使燃料继续进入炉膛。例如,在燃料阀门与燃烧器之间有一段管道,燃料切断后管道中积存的燃料仍将继续进入炉膛。如果火焰熄灭是由空气不足引起的,则切断燃料后空气仍将继续流入,有可能使积存的燃料成为可燃混合物。因此在设计时应使燃料阀与燃烧器之间的管道尽可能短,但对于直吹式制粉系统,管道及磨煤机内存煤数量相当大。MFT 发生时,一般在切断燃料的同时进行炉膛吹扫,如果送、引风机因故不能运行时,控制系统自动进入自然通风状态。

7.2　燃烧器管理系统

大容量、高参数机组需要控制与燃烧过程相关的设备越来越多,包括点火装置、油燃烧器、煤粉燃烧器、辅助风挡板、燃料风挡板等,这些设备不仅类型复杂,而且操作方式多样化,操作过程也比较复杂。例如,油枪的投运操作包括:点火油枪的推入、雾化蒸汽阀开启、进油阀开启、点火器的投入与断开等。在锅炉启停工况和事故工况时,燃烧器的操作更加繁琐,如果操作不当很容易造成意外事故。

　　燃烧器管理系统(BMS)是现代大型发电机组锅炉必备的一种监控系统。它能在锅炉正常工作和启停等各种运行方式下,连续监视燃烧系统的参数与状态,进行逻辑判断和运算,必要时发出动作指令,通过各种联锁装置,使燃烧器系统中的有关设备严格按照既定程序完成必要的操作或处理未遂性事故,以保证锅炉燃烧系统的安全。

　　BMS 是在炉膛安全监控系统 FSSS 基础上发展起来的,其功能和设备配置也在逐步发展,并具备了完善的系统设计手段。

　　从 20 世纪 60 年代起,在国外火电机组上就开始使用一系列火焰检测装置和炉膛安全监控系统,并制定了有关的标准,其中美国国家燃烧保护协会(National Fire Protection Association , NFPA)制定的标准得到了最广泛的应用。为防止锅炉炉膛爆燃,对燃气锅炉、燃油锅炉、单燃烧器锅炉和多燃烧器燃煤锅炉的炉膛防爆均作了详细的规定。对炉膛爆燃原因、术语、定义、设备要求、设计、安装、调试、维护、操作程序、系统联锁和报警等都作了详细阐述。

　　从 70 年代起,炉膛安全监控系统开始在我国火电机组上使用。目前,燃烧器管理系统已经成为火电机组自动保护和自动控制系统的重要组成部分。

7.2.1　BMS 的功能

　　BMS 把燃烧系统的安全运行规程用一个逻辑控制系统予以实现。采用 BMS 不仅能自动地完成各种操作和保护动作,还能避免运行人员在手动操作时的误动作,并能及时执行手动操作不及时的快动作,如紧急关断和跳闸等,保证锅炉可靠地安全运行。BMS 与 MCS 之间有一定联系和制约,其中 BMS 的安全联锁功能等级最高。

　　燃烧器管理系统除了高可靠性的保护功能之外,也可由运行人员或其它接口设备发出各种指令,启停燃烧系统有关设备。燃烧设备可以分别单独启停,也可以根据一定的组合成组自动启停。无论是自动启停或遥控操作单台设备的启停,系统逻辑通过各种安全联锁条件保证这些设备及整个系统的安全,防止危险情况的发生。

　　BMS 与 CCS 一起被视为现代大型火力发电机组锅炉控制系统的两大支柱。BMS 具有如图 7.1 所示的保护和操作功能,从原理上可划分成以下几个方面。

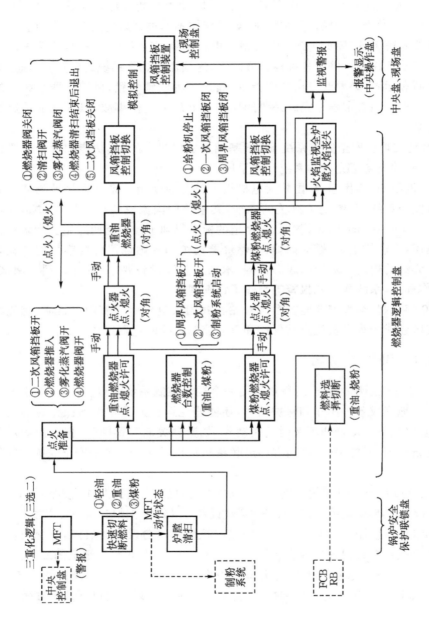

图 7.1　BMS 系统保护和操作功能图

1. 连续监控锅炉燃烧系统的工况

BMS 完成制粉系统以及各燃烧器的切投和运行监控,当炉膛压力、给水流量以及燃烧情况等超出安全运行的限值,危及设备的安全时,自动执行安全保护措施。如主燃料跳闸(Main Fuel Trip,MFT)、重油跳闸(Heavy Oil Fuel Trip,HOFT)、轻油跳闸(Light Oil Fuel Trip,LOFT)和制粉系统跳闸(Mill Trip,MTR)等等。

2. 紧急跳闸管理

锅炉在运行中若出现某些运行人员无法及时做出反应的危急情况时,系统将进行紧急跳闸。如出现炉膛熄火、燃料全中断等情况时,BMS 将启动主燃料跳闸(MFT),同时记录和显示"首出原因"以便于处理。发出主燃料跳闸信号后,BMS将切除所有燃料设备和有关辅助设备,切断进入炉膛的一切燃料。主燃料跳闸后仍需维持炉内通风,吹扫以清除炉膛及尾部烟道中的可燃性混合气体。吹扫结束前,在有关允许条件未满足的情况下,不允许再送燃料至炉膛;系统不容许运行人员在不遵守安全规程的情况下启动设备,如果违反安全规程,设备将无法启动或自动停运。

3. 炉膛吹扫管理

在主燃料跳闸 MFT 动作、全炉膛熄火,或长期停炉后的再次点火之前,要对炉膛进行充分的吹扫,以清除炉膛内可能存在的可燃气体和燃料。因此,BMS 系统设置了点火前炉膛吹扫功能和主燃料跳闸的炉膛吹扫。

在吹扫许可条件满足后,由运行人员启动一次为时 5 min 的炉膛吹扫过程,吹扫许可条件实际上是全面检查锅炉是否能投入运行。为了防止运行人员的疏忽,系统设置了大量的联锁,锅炉如果不经吹扫,就无法进行点火。同时,必须满足5 min的吹扫时间,如果因为吹扫许可条件失去而引起吹扫中断,必须等待条件重新满足后,再启动一次 5 min 的吹扫,否则锅炉无法点火。

启动点火前吹扫时应保证炉膛内有足够的风量,一般采用 25%～30% 额定空气量。吹扫时应先启动空气预热器,然后再按顺序启动引风机和送风机各一台,这样可防止点火后空气预热器因受热不均匀而发生变形,同时也可对空气预热器进行吹扫。在进行锅炉点火前吹扫时,还应切断电除尘器的电源,因为如果炉膛内有可燃混合物,在吹扫时这些可燃性混合物将通过电除尘器至烟囱,除尘器电极上的高压有可能点燃可燃混合物,引起爆燃。

锅炉紧急跳闸时,炉膛在一瞬间突然熄火,残留大量可燃性混合物,而且温度很高,很可能引起炉膛爆炸。因此,BMS 在锅炉跳闸的同时启动炉膛吹扫,吹扫时间也是 5 min。与点火前吹扫不同的是,跳闸后的炉膛吹扫自动启动且许可条件大为减少。如果是由送、引风机引起的锅炉跳闸,系统将全部烟、风挡板开至最大,利用自然通风冷却炉膛。

4. 燃油投入控制

在锅炉完成点火前吹扫后,控制系统即开始对投油点火所必备的条件进行检查,如吹扫是否完成、油系统泄露试验是否成功、油源条件、雾化介质条件、油枪和点火枪机械条件等。上述条件经确认满足以后,BMS向运行人员发出点火许可信号,一旦运行人员发出点火指令,系统对将要投入的燃油层进行自动程序控制,内容包括:打开总油源、汽源,燃烧器启动顺序,油枪点火器推进,油枪阀控制,点火时间控制,点火成功与否判断,点火完成后油枪的吹扫,油层点火不成功跳闸等。

5. 煤粉投入控制

锅炉点火成功并低负荷运行后,开始对投入煤粉所必备的条件进行检查,完成大量的条件扫描工作。主要包括:锅炉参数是否合适,煤粉点火能量是否充足,燃烧器工况,有关风门挡板工况等。待上述诸方面条件满足后,系统向运行人员发出投煤粉允许信号。当运行人员发出投粉指令后,系统开始对将要启动的煤层进行自动程序控制,内容包括:设备启动顺序、控制启动时间、启动各有关设备、监视各种参数、启动成功与否判断、煤层自动启动、不成功跳闸等。系统还对煤层进行自动程序控制。

6. 特殊工况监控管理

这里的特殊工况是指"负荷返回(RB)"和"快速切负荷"(Fast Cut Back, FCB)。当机组发生这两种工况时,BMS的任务是与其它控制系统(主要是 MCS)配合,尽快将锅炉负荷减下来。

RB 是由主要辅机故障引起的锅炉急剧减负荷的特殊工况,当锅炉某一台引风机、送风机、一次风机跳闸或某一台给水泵跳闸时,机组只允许带 50% 的负荷运行。当发生这种情况时,BMS迅速将锅炉燃料减到与锅炉运行的辅机负荷能力相匹配的值,同时将汽轮机负荷调整到该目标值。故障辅机不同,目标值也不同,BMS减燃料速率也不同。

FCB 是由汽轮机或发电机侧故障引起的停机不停炉或带厂用电运行的工况,这时锅炉的目标负荷通常是 10%MCR,并投入燃油以保证燃烧稳定。

7.2.2　BMS 组成

燃烧器管理系统的现场设备包括:火焰检测器及光纤电缆;重油系统的快关阀、循环阀、点火器、点火油球阀,以及用作阀位反馈的行程开关和气动执行机构;轻油系统快关阀、循环阀、高能发火装置,以及用作位置反馈的行程开关和气动执行机构;就地油枪燃烧器操作盒;轻油、重油、点火油以及雾化蒸汽压力、温度超限的压力开关、温度开关；冷却风系统压力开关以及风机的自启停回路；炉膛压力开关、送引风机、一次风机、空气预热器等有关主燃料跳闸（MFT）和炉膛吹扫的信号触点回路；磨煤机制粉系统的联锁程控设备以及控制信号回路。

图 7.2 是燃烧器管理系统的结构原理图。系统由若干个子系统组成：主系统、煤子系统、油子系统等。每个子系统均采用一个独立的微处理机，进行逻辑运算和控制。任何子系统的输出通过硬接线作为主系统的输入，主系统的输出也可通过硬接线作为其它子系统的输入。各子系统均能为操作员提供操作指导，它们分工合作共同承担炉膛安全监控任务。

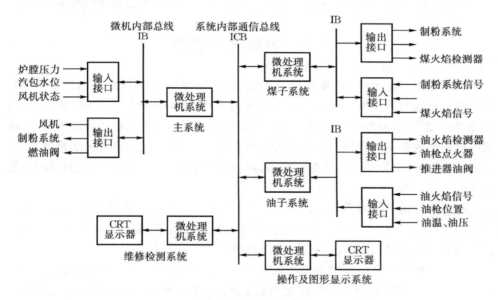

图 7.2　燃烧器管理系统的结构原理图

1. 主系统

主系统又称"吹扫/燃料安全子系统"，它担负着锅炉炉膛吹扫、预点火和燃料安全燃烧职能。

（1）炉膛吹扫　锅炉点火前，用空气将炉内的易燃混合物吹扫干净。

（2）预点火　吹扫完成后，当点火器和燃烧器点火条件满足，且每个制粉系统、每台磨煤机和给煤机的启动条件满足，则发出指示信号，预点火功能块负责点火燃料自动抛入炉膛。

（3）燃料安全　锅炉运行时，燃料安全监控功能块监视锅炉的运行参数或设备状态是否在安全的设定值内，如果这些条件超出了预定的极限值，则切断进入炉膛的燃料,并显示引起跳闸的第一原因。

2. 油管理子系统

油管理子系统包括轻油、重油系统的控制和管理,担负着油系统的切/投控制及点火控制职能。每个轻油/重油燃烧器均有一个独立的子系统。每一个油子系统必须按照预定程序使点火器和油燃烧器投入运行或切除,并连续监视轻油/重油燃烧器及其点火器的运行工况。

3. 煤管理子系统

该子系统担负着制粉系统的切/投控制职能,负责锅炉燃烧器各煤层的煤粉供给。

7.3　炉膛火焰监测

火焰检测器是 BMS 的重要信号检测设备,它提供的信号准确与否,对 BMS 的正常运行起着决定性的作用。燃料在炉内燃烧,所释放能量以光能(紫外线、可见光、红外线)、热能等形式表现。不同的能量形式是检测炉内燃烧火焰的基础,应用火焰不同的特征可以设计出多种类型的火焰检测器,包括光电式火焰检测器、热膨胀式火焰检测器、热电式火焰检测器、声电式火焰检测器、压力式火焰检测器、数字图像火检装置。

物体温度高于绝对零度时,会因为其内部带电粒子的热运动而向外发射不同波长的电磁波,这称为物体的热辐射。热辐射是电磁波,因而与可见光等有相似的性质,如以光速传播、服从折射和反射定理等。

不同燃料在燃烧过程中会以热辐射的形式向外发射不同波长的电磁波(参见图 7.3),其光谱范围从红外线、可见光到紫外线,整个光谱范围都可以用来检测火焰的"有"或"无"。炉膛火焰光按波段可分为紫外线、可见光和红外线。燃料品种的不同,其火焰的频谱特性亦不同。煤粉火焰含有丰富的可见光、红外线和一定的紫外线;燃油火焰有丰富的可见光、红外线和紫外线;燃气火焰有丰富的紫外线和一定的可见光、红外线。同一种燃料在不同的燃烧区,火焰的频谱特性亦有差异。

燃烧的实质是燃料中的碳和碳氢化合物与空气中的氧发生剧烈的化学反应,从燃烧器中喷射出的燃料形成火焰大约可以分为四个阶段:第一阶段为预热区,煤和风的混合物在逐步加热过程中与炉膛中的明火开始接触;第二阶段是初始燃烧区,燃料因受到高温炉气回流的加热开始燃烧,大量的燃料颗粒燃烧成亮点流,此段的亮度不是最大,但亮度的变化频率达到最大值;第三阶段为完全燃烧区,也是燃烧释放大部分热量的区域,这时火焰的亮度最高;第四阶段为燃尽区,燃料燃烧完毕形成灰粉,炽热的灰粉继续发光,其亮度和频率的变化较低。

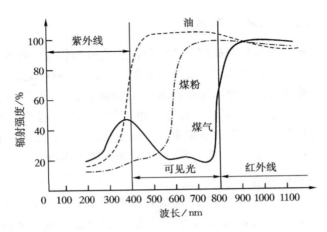

图 7.3　不同燃料火焰辐射强度与波长的关系

　　燃料转换成温度极高的火焰的瞬变过程中,在某一固定区域其辐射能量按一定频率变化,从观察者的角度看,即火焰亮度是闪烁的。图 7.4 为火焰波形和闪烁频率示意图。炉膛火焰存在闪烁量,这是区别于自然光和炉壁结焦发光的一个重要特性,因此可以利用检测火焰的闪烁光强存在与否来判断是否发生了灭火。炉膛火焰的辐射能量在某个平均值上下波动,在燃料燃烧过程中辐射出的能量包括光能(紫外线、可见光、红外线)、热能和声波等,所有这些形态的能量构成了检测炉膛火焰是否存在的基础。炉膛火焰的闪烁频率取决于燃料种类、燃烧器运行条件(燃料/空气比、一次风速度)、燃烧器结构、检测方法以及观测角度等。火焰闪烁频率一般在一次燃烧区较高,在火焰外围较低。检测器距一次燃烧区越近,所检测的高频成分越强。检测器探头视角越窄,所检测到的频率越高,视角扩大,则检测到的闪烁频率较低。

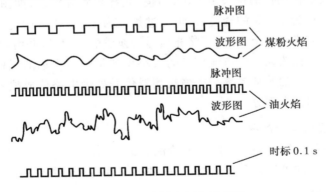

图 7.4　火焰波形和频率示意图

7.3.1　光电式火焰检测器

光电式火焰检测器是目前应用最为广泛的火焰检测装置。检测部件通常安装在燃烧器附近的风道内或者靠近燃烧器的位置,炉膛内燃料燃烧时产生的紫外线、红外线或可见光等被检测信号通过检测部件的透镜、光导纤维等送到探头。探头把光信号转换成电信号,通过屏蔽线传送到电子放大器进行整形、放大,然后输出一个模拟信号或逻辑信号到控制系统中去。按照检测器所使用的光谱范围可以分成紫外线火焰检测器、红外线火焰检测器、可见光火焰检测器。

1. 紫外线火焰检测器

在燃烧带的不同区域,紫外线的含量有急剧的变化,在第一燃烧区(火焰根部),紫外线含量最丰富,而在第二和第三燃烧区,紫外线含量显著减少。因此,紫外线用作单燃烧器火焰检测时,它对相邻燃烧器的火焰具有较高的鉴别率。利用紫外线检测火焰的缺点:由于紫外线易被介质所吸收,因此当探头的表面被烟灰油雾等污染时,火焰检测器的灵敏度显著下降,为此要经常清除污染物。紫外线火焰检测器在燃气锅炉上使用的效果较好,而在燃煤锅炉上效果较差。此外,探头需瞄准第一燃烧区,也增加了现场的调试工作量。

2. 可见光火焰检测器

可见光火焰检测器利用火焰中的可见光来检测火焰有无的装置。由于其频谱响应在可见光波段,辐射强度大,所以对器件的要求相对而言较低。可见光火焰检测的缺点是区分相邻燃烧器的鉴别率不如紫外线。虽然可以利用初始燃烧区和燃尽区火焰的闪烁频率不同特性来检测单燃烧器火焰,但要想获得对相邻燃烧器的火焰有较高的鉴别率,其现场调试工作量很大。

可见光火焰检测器的探头由平镜、凸镜、光纤导管等组成,如图 7.5 所示。炉膛火焰经过视角为 3°～5° 的透镜后,再经过长度为 1.5～2 m 的光纤电缆,将火焰信号直接照射到光电管上,光电管将光信号转换成电流信号,并由对数放大器转换为电压信号。从探头输出的电流信号的大小反映了炉膛火焰的强弱,电信号的频率反映了炉膛火焰的脉动频率。火焰检测器信号处理电路分成故障检测、强度检测以及频率检测三个部分。

3. 红外线火焰检测器

它是利用红外线探测器件的火焰检测装置,可以检测火焰中不易被粉尘和其它燃烧产物吸收的可见光和红外线,是一种可靠性高、应用范围广、单燃烧器监视效果好的火焰检测器。

红外线火焰检测器主要包括平镜、平凸镜、光导纤维、光电检测器及放大电路,

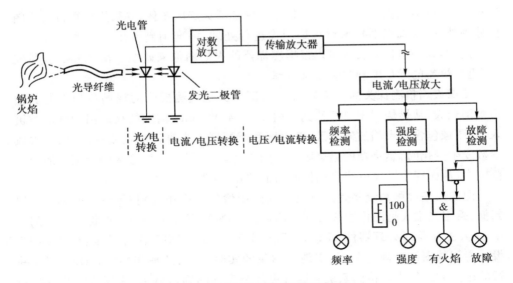

图 7.5 可见光火焰检测器原理图

其组成如图 7.6。被检测的炉膛火焰穿过平镜、凸镜,经光导纤维将光信号送传到光电二极管上转换成电信号。此电信号经过预处理、放大、电压/电流转换变成电流信号,此信号为后续的频检放大、信号处理提供全频率火焰信号。平镜是高纯石英透镜,装设在探头火焰侧,起隔离作用,防止火焰损坏探头的其它部分。平凸镜能将探头视角限为 3°,限制视角能够提高火焰信号的交流分量。火焰的光信号通过光导纤维送到光电二极管,光电二极管的特性决定了火焰检测装置的主要工作特性。

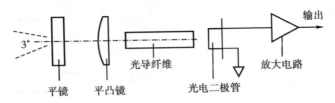

图 7.6 红外线火焰检测器探头示意图

7.3.2 图像火焰检测器

图像火焰检测技术是 20 世纪 80 年代出现的一种跨学科技术,是将现代计算机技术、数字图像处理技术与燃烧学等相结合的结果。图像火焰检测系统采用广角彩色 CCD 摄像机和传像光纤直接拍摄燃烧器火焰的图像,并采用计算机数字图像处理技术、模式识别技术对火焰图像进行处理,可准确判断出燃烧器的着火状态。同时,锅炉运行人员也可以根据燃烧器的火焰图像来调整一次风和二次风配比,提高煤粉的燃尽度和锅炉燃烧效率。

图像火焰检测探头的安装如图 7.7,图像火焰检测探头的视场角为 90°,其拍摄范围较大,从燃烧器出口开始到炉内 200～4 000 mm 范围的火焰图像全部被摄入,该图像包含了火焰的未燃区、着火区和燃尽区。当煤种变化或一次风、二次风参数发生变化时,燃烧器的燃烧区域也随之变化,但始终在图像火焰检测器的视场范围内,从而克服了光电式火焰检测器的缺点,确保火焰判断的准确率。

图像火焰检测系统将燃烧器出口火焰图像的特征作为判断火焰 ON/OFF 的判据,采用二维火焰图像取代常规火焰检测对亮度、频率的测量。图像火焰检测器中,采用数字信号处理器件 (Digital Signal Processor,DSP)代替标准 PC 的 CPU,设计专用的图像处理电路板,实现对图像的实时采集、处理和判断。DSP 高速并行的运算方式使火焰检测系统能运行更复杂完善的判据体系,为算法的开发与完善留下充分余地。DSP 是一类特殊的可编程微控制器,与通用的微处理器相比,特别适合于实时运算。

基于 DSP 的数字图像火焰检测器基本原理如图 7.8 所示。检测器进行视频信号的采集、信号编码/解码和预处理,并将视频信号数字化,滤除行消隐、场消隐、同步信号和干扰信号,将代表图像亮度的信号作为裸图像数据存储到图像内存缓冲区中。图像在图像存储器中完成存储后,DSP 对这部分数据进行相应处理。

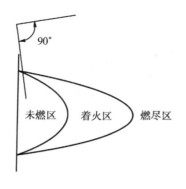

图 7.7　图像火焰检测探头安装示意图

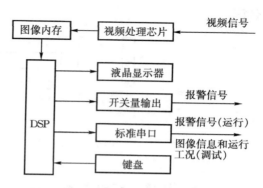

图 7.8　数字图像火焰检测器基本原理

7.4　主燃料跳闸控制

7.4.1　概述

主燃料跳闸(MFT)管理是 BMS 的重要功能。在锅炉运行的各个阶段,BMS (或 FSSS)实时、连续地对机组的主要参数和运行状态进行监视,只要这些参数和状态有一个越出了安全运行范围,系统就会发出 MFT 指令。MFT 动作将快速切断所有进入炉膛的燃料,包括燃油和煤粉,实行紧急停炉,防止炉膛爆燃,并给出引起 MFT 的第一原因。BMS 设计时应该遵循最大限度地消除可能出现的误动作及完全消除可能出现的拒动作的设计原则。可触发 MFT 的信号都应该冗余设置,或采用三选二逻辑。对于两个输入信号,从防拒动的角度考虑应进行"或"运算使用,而从防误动的角度考虑应该进行"与"运算。当机组正常运行时 MFT 逻辑应处于待机状态,机组出现异常时,要求 MFT 逻辑能迅速正确动作。MFT 逻辑要求有高度的可靠性和最高权威性,应能排除其它系统和运行人员的干扰,确保设备及人身安全。

MFT 保护逻辑由跳闸条件、保护信号、跳闸继电器及首出记忆等组成。保护逻辑根据机组特点而设计,可靠的保护系统必须以可靠的信号为基础,保护系统中所用信号必须由专用检测元件及变送器送出,独立于其它保护系统。为了取得较高的可靠性,保护系统必须尽量选用转换环节少、结构简单而工作可靠的变送器。对重要信号,要采用多个检测信号优选后再输入保护系统。表 7.1 规定了 MFT 动作的条件(DLGJ 116—1993)。

表 7.1　主燃料跳闸条件(DLGJ 116—1993)

主燃料跳闸条件	中间仓储式制粉系统		直吹式制粉系统	
	全炉膛 灭火保护	单燃烧器 灭火保护	全炉膛 灭火保护	单燃烧器 灭火保护
全炉膛火焰丧失	√	√	√	√
炉膛压力过高	√	√	√	√
炉膛压力过低	√	√	√	√
汽包水位过高	√	√	√	√
汽包水位过低	√	√	√	√
全部送风机跳闸	√	√	√	√
全部引风机跳闸	√	√	√	√

续表 7.1

主燃料跳闸条件	中间仓储式制粉系统		直吹式制粉系统	
	全炉膛 灭火保护	单燃烧器 灭火保护	全炉膛 灭火保护	单燃烧器 灭火保护
全部一次风机跳闸	√	√	√	√
全部锅水循环泵跳闸	√	√	√	√
给水丧失(直流锅炉)	√	√	√	√
单元机组汽轮机主汽门关闭	√	√	√	√
手动停炉指令	√	√	√	√
全部磨煤机跳闸,且总燃油(燃气)阀或全部燃油 (燃气)支阀关闭			√	√
全部给煤机跳闸,且总燃油(燃气)阀或全部燃油 (燃气)支阀关闭			√	√
全部给粉机跳闸,且总燃油(燃气)阀或全部燃油 (燃气)支阀关闭	√	√		
全部排粉机跳闸,且总燃油(燃气)阀或全部燃油 (燃气)支阀关闭	√	√		
再热器超温	○	○	○	○
风量小于额定负荷风量的 25%～30%	○	△	○	△
角火焰丧失		○		○

注:√—"应";△—"宜";○—"可"

7.4.2　MFT 逻辑

　　主燃料跳闸(MFT)的逻辑控制图见图 7.9。图中示出了 17 个 MFT 条件(对于不同类型的设备条件可能有所不同)。任一条件符合,将引起主燃料跳闸。其中手动直接 MFT 按钮,为操作人员手动紧急停炉而设。

　　当 MFT 发生时,BMS 立即将 LOFT(轻油跳闸继电器)、HOFT(重油跳闸继电器)和所有煤层跳闸继电器置位,使轻油快关阀、重油快关阀关闭,切断轻油、重油燃料,同时使磨煤机停运,切断全部煤燃料,实现锅炉主燃料的切断。为了实现全面的停炉和停机,MFT 同时输出给 CCS 和常规保护回路,协同停炉和停机。此时 BMS 的 CRT 显示屏和打印机分别显示打印 MFT 动作以及动作的首出条件。主燃料跳闸(MFT)继电器的复位必须在锅炉吹扫完成以后才可能实现。

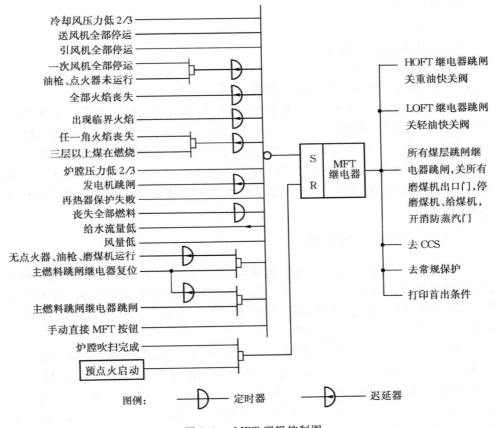

图 7.9　MFT 逻辑控制图

　　为了排除因被测量信号的随机干扰和测量元件本身偶然性故障,对变化比较频繁的热工参数,如炉膛压力低低、炉膛压力高高、火检冷却风机出口母管/炉膛压差低低这样的信号均采用 2~5 s 的延时。当这些信号在延时时间内不消失,才会产生 MFT;如在延时时间内信号恢复正常,MFT 不会动作。在 MFT 信号生成以后,即送往各个执行机构,实现锅炉和机组的全面跳闸,当 MFT 发生后,以下设备联锁动作:

　　① 跳闸 MFT 硬继电器;

　　② 油燃料跳闸 OFT;

　　③ 跳闸所有油燃烧器;

　　④ 关闭所有主跳闸阀;

　　⑤ 跳闸所有给水泵;

⑥ 跳闸所有磨煤机；

⑦ 跳闸所有给煤机；

⑧ 关闭所有磨煤机出口挡板；

⑨ 跳闸所有一次风机；

⑩ 送 MFT 指令至 MCS、ETS、旁路、吹灰等系统。

为了防止内爆，在 MFT 发生的同时，送一个超前信号给引风机控制系统，使炉膛熄火后，炉膛压力不致变得太低，引风机控制系统接到这个 MFT 动作的超前信号后，立即将引风机控制挡板关小到一定开度，并保持数十秒钟后再释放到自动控制状态。

MFT 设计成软、硬两路冗余，当 MFT 条件出现时软件会送出相应的信号来跳闸相关的设备，同时 MFT 硬继电器也会向这些重要设备送出一个硬接线信号来跳闸它们。

7.4.3 MFT 的可靠性

MFT 的动作有误动、拒动以及正确动作三种。非危及设备的保护原因引起的保护动作称为误动；出现了危及设备安全的保护原因，而保护没有动作称为拒动；由危及设备安全的保护原因引起的保护动作称为正确动作。从 BMS 实际运行情况看，保护拒动很少发生，但保护误动却非常频繁。

MFT 保护系统由保护信号输入回路、保护逻辑运算回路和保护输出动作回路三部分组成。保护信号输入回路一般由信号源（如温度开关、压力开关、行程开关、继电器触点、其它系统输出等）、输入模件和连接电缆组成；逻辑运算回路由控制器完成，机组 BMS 的保护逻辑通常由 DCS 的 DPU 或专用 PLC 来完成；保护输出回路一般由输出模件通过中间继电器跳闸被保护的设备。因此压力开关、温度开关、行程开关等信号源故障、接线松动或短路、模件故障、保护动作回路故障、控制电源故障等都会引起保护的误动。

7.4.4 MFT 首出原因记忆

MFT 逻辑系统设计有一系列规定，其中有一条是：当锅炉事故停炉后，要指出引起停炉的第一原因，以便处理和分析事故原因，首出原因记忆逻辑就是根据这一原则设计的。在 MFT 发生时，诸多的触发条件不可能绝对同时出现，只要系统采用高分辨率的逻辑判别程序，就可将最先触发 MFT 的首出条件记忆下来，作为事故分析的依据。

7.5　炉膛吹扫控制

锅炉点火前、点火失败以及 MFT 动作后,都必须进行炉膛吹扫,以清除炉膛内积聚的燃料/空气混合物,这是防止炉膛爆燃的最有效的方法之一,因此,BMS 设置了炉膛吹扫的功能。在炉膛吹扫过程中,只有在所有吹扫许可条件都满足的情况才能成功地完成吹扫任务,否则吹扫过程失败,必须重新进行吹扫。吹扫条件应根据锅炉容量和制粉系统的型式确定。表 7.2 列出了 DLGJ116—1993 所规定的炉膛吹扫条件,在进行控制逻辑设计时必须参照这些吹扫许可条件。

表 7.2　锅炉炉膛吹扫条件(DLGJ116—1993)

吹扫条件	中间仓储式制粉系统(t/h)		直吹式制粉系统(t/h)	
	220~670	1 000~2 000	220~670	1 000~2 000
MFT 条件不存在	√	√	√	√
锅炉炉膛安全监控系统电源正常	√	√	√	√
至少一台送风机运行,且相应送风挡板打开	√	√	√	√
至少一台引风机运行,且相应引风挡板打开	√	√	√	√
至少一台回转式空预器运行,且相应挡板未关	√		√	
炉膛通风量在 20%～30% 额定负荷风量范围内	△	√	△	√
总燃油(燃气)关断阀或快关阀关闭	√	√	√	√
全部油(气)枪关断阀或快关阀关闭	○	√	○	√
全部一次风机停运	√	√	√	√
全部排粉机停运	√	√		
全部给煤机停运	√	√		
汽包水位正常(得到点火规定水位)		√		√
"吹扫"手动指令启动	√	√	√	√

注:√—"应";△—"宜";○—"可"

锅炉点火前必须进行炉膛吹扫,吹扫时间一般不得少于 5 min,吹扫风量不得小于 25% 满负荷风量。图 7.10 所示为炉膛吹扫的原理框图。

为防止疏忽,炉膛吹扫设置了大量的联锁,锅炉如果不经过吹扫,就无法进行点火。进行炉膛吹扫时,5 min 的吹扫时间必须满足,如果在吹扫过程中吹扫许可条件失去而引起吹扫中断,必须等待吹扫条件重新满足后,再次启动一次 5 min 的吹扫,否则,锅炉无法点火。

由于锅炉吹扫不仅仅是吹走炉膛中的可燃性混合物,而且需要检查锅炉启动条件是否完全具备,以便吹扫后就可以直接点火。因此,一般应根据锅炉具体情况设置数个吹扫许可条件构成"吹扫允许"信号,在设置这些吹扫条件时必须参照表7.1主燃料跳闸条件。

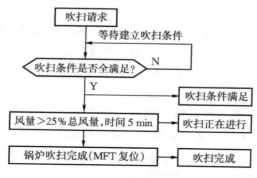

图 7.10　炉膛吹扫原理框图

　　在 MFT 动作以后,为了防止锅炉炉膛内积聚的可燃物质引起爆燃,大型锅炉在重点火之前必须进行炉膛吹扫,即在所有燃烧切断,并无火焰和火种监测到的情况下,在一定的时间内给炉膛保持合适的通风量,将可燃物质和气体排出后才允许点火,炉膛吹扫的逻辑控制如图 7.11 所示。

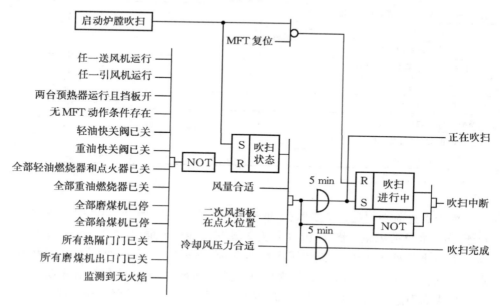

图 7.11　炉膛吹扫逻辑控制图

　　炉膛吹扫有 13 个基本条件,必须全部满足才能建立吹扫状态,当人工发出启动炉膛吹扫指令时建立吹扫状态,但吹扫还不能进行,还有 3 个条件(风量条件)满足后才进行吹扫记时并发出"正在吹扫"信号。如果 16 个吹扫条件中任一条件在吹扫周期记时过程中不符合,将产生吹扫中断。待全部条件满足以后重新开始吹扫。如果在吹扫周期记时过程中前面 13 个基本条件有任一个不符合,吹扫即中断并同时退出吹扫状态,待基本条件满足后,必须人工启动炉膛吹扫才能进入吹扫状态。如果风量条件在吹扫周期的记时过程中有一个不符合,仅产生吹扫中断,待条件符合后吹扫将自动进行,吹扫周期记时则须重新开始。

7.6　汽轮机安全监控系统

发电机组的汽轮机,是一种在高温高压蒸汽推动下作高速运转的设备。在机组启动、运行或停机过程中,如果不按规定的要求操作,很容易发生叶片损坏、大轴弯曲、推力瓦烧毁等严重事故。汽轮机系统需要很多辅机设备密切配合,协同工作来保证整个系统的正常运转。因此,必须对汽轮机的轴向位移、差胀、振动、转速等机械参数进行监视和保护,还应对轴承温度、润滑油压、EH 油压、凝汽器真空、缸壁温差等热工量参数进行监视和保护。

汽轮机安全监视系统 TSI 是一种集保护和检测功能于一身的监视系统,是大型旋转机械必不可少的保护系统。使用连续性监测系统,能够在设备严重受损之前,预警事故先兆,并在事故接近发生之时关闭系统,从而提高设备的安全性。

7.6.1　TSI 主要监视参数

TSI 可以对机组在启动、运行过程中的重要参数进行监视和储存,它不仅能指示机组运行状态、记录输出信号、实现数值越限报警、出现危险信号时使机组自动停机,同时还能为故障诊断提供数据,因而广泛地应用于各种汽轮发电机组上。汽轮机应监视和保护的项目随蒸汽参数的升高而增多,且随机组不一而各有差异,一般而言必须有以下主要参数。

(1) 振动监视　监视主轴相对于轴承座的相对振动和轴承座的绝对振动。包括:① 振动的振幅;② 振动的频率;③ 振动的相角;④ 振动形式;⑤ 振动模式。

汽缸同样可利用振幅、频率、相角、振动形式和模式等参数描绘。除了了解转子运转情况,掌握汽缸状态对分析整个系统也是同等重要的。

(2) 轴向位移监视　连续监视推力盘到推力轴承的相对位置,以保证转子与静止部件间不发生摩擦,避免灾难性事故的发生。当轴向位移过大时,发出报警或停机信号。

(3) 差胀监视　指转子与汽缸之间,由于热膨胀量不一致所引起的膨胀之差值。它的存在将使机组发生轴向摩擦、导致恶性事故。因此,连续检测转子相对于汽缸上某基准点(通常为推力轴承)的膨胀量,超限时发出报警。

(4)缸胀监视　监视基础与汽缸相对胀差的数据。掌握了汽缸的膨胀量和胀差就能够判断转子和汽缸哪一个膨胀率高。如果汽缸膨胀不当,"滑脚"可能被阻塞。

(5)转速监视　连续监测转子的转速。当转速高于设定值时给出报警信号或停机信号;当转速低于某规定值(零转速)时,报警继电器动作,以便投入盘车装置。

(6)偏心度监视　连续监视偏心度的峰-峰值和瞬时值。转速为 $1\sim600$ r/min 时,主轴每转一圈测量一次偏心度峰-峰值,此值与键相脉冲同步;当转速低于 1 r/min 时,机组不再盘车而停机,这时瞬时偏心度仪表的读数应最小,这就是最佳转子停车位置。

(7)其它参数监视　影响机组运转的主要温度、压力、流量和其它参数的相关程度对分析整个系统极为重要。利用相关性,可建立完善的预保养程序。

7.6.2　TSI 组成

TSI 的结构原理如图 7.12 所示,由三部分组成。传感器系统将机械量(如转速、轴位移、胀差、缸胀、振动和偏心等)转换成电参数(频率、电感、品质因素、阻抗等),传感器输出的电参数信号送到监测系统,由监测系统转换为测量参数进行显示、记录及相关的信息处理。

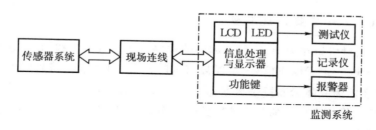

图 7.12　TSI 结构原理图

图 7.13 是某汽轮机监控仪表测点布置图。该装置有 32 个监测通道,其中 12 个轴承监视通道,用于连续监测 1 号~12 号轴承垂直绝对振动的峰-峰值;10 个轴振动监测通道,用于连续监测 1、3、5、7、9 号轴承的垂直和水平轴振动;2 个转子轴向位移监测通道,用于监测汽轮机转子轴向位移的变化;4 个相对膨胀通道,分别用于监测高压缸、中压缸、低压缸 I 和低压缸 II 与转子之间的相对膨胀值;2 个偏心度监测通道装于 1、3 号轴承处,用于监测 600 r/min 以下的转子偏心度峰-峰值;2 个转速监测通道,一个用于监测汽轮机的转速,一个用于作为鉴相器,输入一个脉冲信号作为机组找动平衡时测量振动相角用。整个监测系统由安装在就地的

监测传感器(包括信号转换器)和安装于集控室的监测放大器、指示表、数字式转速表及继电器等组成。

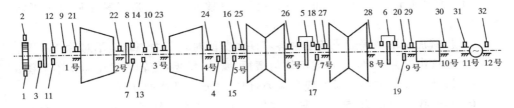

图 7.13　测点布置图

1,2—转速传感器；3—高压缸差胀传感器；4—中压缸差胀传感器；5,6—低压缸差胀传感器；
7,8—轴向位移传感器；9,10—轴弯曲传感器；11~20—轴振动传感器；21~32—轴承盖振动传感器

7.6.3　振动监视

机组运行中振动的大小，是机组安全与经济运行的重要指标。过大的振动，意味着机组存在严重的缺陷，也会造成下述危害与后果。

① 端部轴封磨损。低压端部轴封磨损、破坏密封，空气漏入低压汽缸破坏真空；高压端部轴封磨损，高压缸向外漏汽增大，转子轴颈局部受热而发生弯曲，蒸汽进入轴承中使润滑油内混入水分，破坏油膜，进而引起轴瓦钨金熔化，同时，漏汽损失增大，影响机组的经济性。

② 滑销磨损。滑销磨损会影响机组的正常热膨胀，从而会进一步引起更严重的事故。

③ 隔板汽封磨损。隔板汽封磨损严重时，级间漏汽增大，除影响经济性外，还会增加转子的轴向推力，导致推力瓦块钨金熔化。

④ 轴瓦钨金破裂，紧固螺钉松脱、断裂。

⑤ 振动使转动部件耐疲劳强度降低，进而引起叶片、轮盘等损坏。

⑥ 造成调节系统不稳定，进而引起调速系统事故。

⑦ 危急遮断器误动作。

⑧ 使发电机励磁部件松动、损坏，甚至损坏机组的基础，进而振动加剧。

综上所述，机组振动不仅影响其经济性，而且直接威胁其安全运行。因此，在机组启停和运行中，对轴承的振动必须严密监视，如发生振动过大，应采取相应的措施，保护机组设备与人身的安全。

1. 汽轮机振动的原因

汽轮机的振动现象很复杂，振动伴随着机组的运行而存在。产生振动的原因

很多,一般而言,主要有以下几个方面。

(1) 转子质量不平衡引起振动

由于转子质量不平衡引起的振动占振动总数的 70%。造成转子质量不平衡的原因有:

① 机械加工不精确造成转子中各零件横截面对转子中心轴线不对称;

② 运行中叶片折断、脱落或不均匀磨损、腐蚀、结垢,使转子发生质量不平衡;

③ 铸锻件及机械加工时的残余应力,使零件永久性挠曲变形;

④ 转子找平衡不当,转子上某些零件松动等,均会使转子发生质量不平衡。

转子每转动一转,就要受到一次由于不平衡而引起的激振力的冲击,转速越高,激振力越大,产生的振幅也越大。

(2) 转子发生弹性弯曲引起振动

当转子沿横截面受到不均匀的加热和冷却时,将引起转子弹性挠曲。转子弯曲所引起振动的动态特性类似于转子质量不平衡引起的振动,不同之处是这种振动较显著地表现为轴向振动,尤其当通过临界转速时,其轴向振幅更为显著。降低转速,延长暖机时间,使转子截面温度均匀,热弯曲消失,振动也会消失。

(3) 轴承油膜不稳定或受到破坏引起振动

(4) 汽轮机内部动静摩擦引起振动

工作叶片和导向叶片摩擦,以及通汽部分辐向间隙不够或安装不当,隔板弯曲,叶片变形,推力轴承工作不正常或安置不当,轴向间隙太小等,均会引起摩擦,进而造成振动。

(5) 机组运行的中心不正引起振动

① 汽轮机启动时,如暖机时间不够,升速或加负荷太快,将引起汽缸热膨胀不均匀,或者滑销系统存在卡涩,使汽缸不能自由膨胀,均会使汽缸对转子发生相对倾斜,机组产生不正常的位移,造成振动。

② 凝汽器的真空下降,排汽温度升高,后轴承上抬,破坏机组的中心,引起振动。

③ 联轴器安装不正确,中心不准,产生振动,且随负荷的增加振动加剧。

④ 进汽温度超过设计规范,动、静部件产生膨胀,汽缸胀差和变形增加,机组中心移动超过允许限度,引起振动。

另外,转子零件松动、转子有裂纹、汽轮机发生水冲击、发电机内部故障、汽轮机机械安装部件松动等均可能引起振动。

2. 几种典型的振动

机组运行中,一些振动现象具有代表性,了解和掌握这些现象是故障诊断的前提。

（1）盘车运行中的振动

当机组热态盘车中断时可能发生转子热弯曲，因此一旦盘车再次进行，在没有重新达到热平衡以前，就会暂时出现一个较大的振动。若在盘车过程中，由于固定部分偏心或转子热弯曲振动信号可能波动。

（2）机组启动和停机过程中的振动

机组启动和停机过程中在通过临界转速时轴振动非常明显，如果在启动过程中出现振动幅值急剧增加（与正常启动过程相比较），必须停止升速并降速，直到轴振动值减小到正常值，保持转速，进行暖机。当继续升速时，特别在过临界转速时，应该符合正常的轴振动变化曲线，否则表明机组出现了其它故障，不能继续升速。

（3）带负荷运行时的振动

机组带负荷运行时，由于汽轮机、发电机转子的热变形，机组的膨胀受阻，汽轮机转子径向汽流的变化等都会使振动信号发生变化。

（4）几种特殊情况下的振动现象

① 自激振动。高压大容量机组的自激振动由间隙激振或轴承不稳定性所致。超临界机组易发生间隙激振。轴承不稳定性与转速有关，常发生在转速为额定转速的 $70\%\sim110\%$ 的范围内，而间隙的不稳定性与负荷有关，常发生在负荷为额定负荷的 70% 以上，自激振动的频率大多数情况下与轴的一阶临界转速相对应。

② 叶片断裂。转子叶片破损会导致轴的不平衡的突变，振动测量信号通常会出现阶跃变化，但不一定恶化，一般是当叶片断裂的瞬间，轴的振动测量值有一个短暂的突增，其后轴振测量值的变化取决于断叶片引起的不平衡与原始不平衡之间的向量关系，故在不同的测量平面上可能反映出不同的变化。

③ 转子上套装部件松动。转子上的轴封套、平衡盘或套装叶轮发生松动时，轴振动的测量值往往会缓慢增大，但如果这种松动或热套摩擦变形只是暂时性的，则轴振测量值的增大有时就只在启停期间、热不平衡时发生。

④ 轴有裂纹。轴的横向裂纹会激起两倍频的附加振动，各个分量的比率决定于裂纹的深度。若运行条件不变，测量值在一段时间内逐渐增大，表明可能有正在扩大的裂纹。由于不平衡引起的振动是叠加的，所以在裂纹起始时某些位置的轴振测量值可能减少，当裂纹发展到一定深度后，轴振测量值再逐步增大。有裂纹的轴在临界转速时的振动值比无裂纹的轴要大，并在大约二分之一的临界转速处会出现一个附加谐振（第二个振动峰值）。此时轴以二次谐波振动，说明轴可能已有裂纹。不过对发电机转子而言，本来就有二次谐波，这时应注意区别。

⑤ 转子变形。如果是运行中动静部件间摩擦引起转子变形，轴振动测量值会逐渐恶化，如果启动时从低速到全速轴振动测量值都明显恶化，则可能是转子变形；如果传到转子表面的热量只经过局部的圆周（不对称加热），则轴振测量值会发

生偏差。

3. 汽轮机振动监视保护

振动监视保护包括轴承振动监视保护、转轴相对振动监视保护和转轴绝对振动监视保护等。振动参数的监视和保护对于大型机组而言,测量轴承座振动已不能满足对机组安全保护的要求。同时,大型发电机组的柔性支承轴承,使转轴相当部分的振动传递至轴承,因此测量转轴的相对振动并不能正确反映转轴的振动。为此,提出了测量转轴绝对振动的要求。

7.6.4　轴向位移监视

汽轮机的转子在高速旋转时,为了避免转动的部分与静止的部件在轴向力的作用下发生轴向摩擦和碰撞,在叶片与喷嘴、轴封的动静部分之间以及叶轮与隔板之间,必须保持适当的轴向间隙,并使转子与汽缸间保持相对轴向位置。

正常情况下,转子的轴向推力来自于:

① 蒸汽进出各动叶片的速度沿轴向的分速度所产生的轴向推力;

② 转子上各叶轮、动叶片及转鼓阶梯上前后的蒸汽压差所产生的轴向推力;

③ 由于转子的不同挠度所产生的重力沿轴向上的分力。

推力轴承承担了转子的轴向推力,尽管在结构设计上采取了一些措施减小轴向推力(如高中压缸采取对头布置,低压缸采取分流结构等),但某些情况下,如果转子轴向推力增大,将使推力轴承过负荷,破坏油膜,钨金烧熔,转子窜动,产生严重的损坏事故,如折断叶片、大轴弯曲、隔板和叶轮碎裂等。

1. 轴向位移异常的原因

(1) 机组运行时,转子轴向推力增大,推力轴承过负荷,使油膜破坏,推力瓦块钨金烧熔。引起轴向推力增大的原因可能是机组蒸汽流量增大、汽轮机发生水击、蒸汽品质不良、真空下降等因素。

(2) 润滑油系统油压过低、油温过高等缺陷,使油膜破坏,推力瓦块钨金烧熔。

汽轮机转子出现反向(向汽轮机侧)轴向位移的原因有:① 汽轮机高压缸发生水击时,会出现巨大的反向轴向推力;② 机组突然甩负荷;③ 高压轴封严重损坏,调节级前压力下降,出现反向轴向推力。

2. 轴向位移监视保护

汽轮机轴向位移监视保护装置有机械式、液压式、电感式和电涡流式四种类型。

为了严密监视机组的轴向位移,一般在推力瓦块上装有温度测点,在推力瓦块回油处装有回油温度测点等,以监视汽轮机推力轴承的工作状态。此外,还装有轴向位移监视保护装置,在正常工况下指示轴的位移量;当位移超过一定限值时,发出报警信息,提醒运行人员严密监视机组状态,采取相应处理措施;当轴向位移达到"危险"限值时,发出危急遮断高、中压调节阀门与主汽门的信号,以保证机组设备与人身的安全。

7.6.5　机组热膨胀监视

机组在启动、停机或变工况运行中,都会由于温度变化而产生不同程度的热膨胀。汽缸受热而膨胀的现象称为"缸胀"。缸胀时,由于滑销系统死点位置不同,可能向高压侧伸长或向低压侧伸长,也可能向左或向右膨胀,这时都是以滑销死点处的基础固定点为参考,其位移量的大小称为汽缸的绝对膨胀值。

同理,转子受热时也要发生膨胀,因为转子受推力轴承的限制,所以只能沿轴向、往低压侧伸长。由于转子的体积小,而且直接受蒸汽冲刷,因此温升和热膨胀较快;而汽缸的体积大,温升和热膨胀比较慢。当汽缸和转子的热膨胀还没有达到稳定以前,它们之间存在较大的热膨胀差值,简称"胀差"(或"差胀")值,也称汽缸和转子的相对膨胀值。

胀差的变化,引起动静部分轴向间隙的变化,当转子的膨胀大于汽缸的膨胀时,定义为正胀差,表明动叶出口与下一级静叶入口的间隙减小。当汽缸的膨胀大于转子的膨胀时,定义为负胀差,表明静叶出口与动叶入口间隙减小。

随着机组容量增大,级间效率提高,机组轴封和动静叶片之间的轴向间隙设计越来越小,若启停或运行过程中胀差变化过大,超过了设计时预留的间隙,将会使动静部件发生碰撞和摩擦,轻则增加启动时间,重则引起机组强烈振动,以致造成机组损坏事故。因此,在机组启停和工况变化时要密切监视和控制胀差的变化。

1. 机组胀差过大的原因

汽轮机正胀差过大的原因有:① 启动时,暖机时间不够,升速过快;② 升负荷速度过快。汽轮机负胀差过大的原因有以下几方面:① 减负荷速度过快,或由满负荷突然甩到空负荷;② 空负荷或低负荷运行时间过长;③ 发生水冲击(包括主蒸汽温度过低的情形);④ 停机过程中,用轴封蒸汽冷却汽轮机速度太快;⑤ 真空急剧下降,排汽温度迅速上升,使低压缸负胀差增大。

2. 胀差监视保护装置

胀差监视保护装置的结构形式和工作原理与轴向位移监视保护装置基本相同,其区别主要在于胀差传感器的线性范围要比轴向位移传感器大得多。目前机组上采用的胀差监视保护装置有电感式胀差监视保护装置、涡流式胀差监视保护装置等。

汽缸膨胀监视装置中的传感器一般均采用线性差动变送器(Linear Voltage Differential Transformer, LVDT),其结构如图7.14所示。

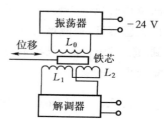

图 7.14　LVDT 结构示意图

7.6.6　偏心度监视

汽轮机启动、运行和停机过程中,主轴可能会出现弯曲。当主轴出现弯曲时,轴的重心将偏离机组运转中心,转子在旋转时就会产生离心力而引起振动,当轴弯曲严重时,汽封径向间隙消失,引起动、静部件相互摩擦碰撞,造成机组损坏事故。若轴弯曲过大,会形成永久弯曲,必须停机直轴,否则机组不能正常运行。

1. 机组主轴弯曲的原因

偏心是指轴表面外径与轴真实几何中心线之间的变化,它以主轴弯曲的形式体现出来。这种弯曲既可能是永久的机械变形,也可能是暂时变形。总体来说,主轴弯曲是由于不对称的轴向热膨胀或者机械应力引起的弯曲力矩造成的,可概括为下述几个方面。

(1) 由于径向间隙变化使主轴与静止部件间产生摩擦引起主轴弯曲

当出现汽缸变形、静止部套位置改变或转子在临界转速时发生过大的振动等情况,径向间隙会发生变化甚至消失,转子与静子部分的摩擦,局部产生热量所产生的弯曲力矩使转子承受压应力。当压应力小于主轴材料的弹性极限时,冷却后的轴恢复原状,以后的正常运行中不会出现弯曲,这种类型的弯曲叫弹性弯曲。反之,若这种反向的压应力大于材料弹性极限,则主轴冷却后不能再恢复原状,这种变形弯曲称为永久性弯曲。此时,应停机直轴。

(2) 制造或安装不良引起的弯曲

制造中,因热处理不当或加工不良,材料内部存在着残余应力,一旦主轴装入汽缸,在运行过程中,这种残余应力会使主轴弯曲。叶轮安装不当,或叶轮加速变形而膨胀不均也会使主轴弯曲。

(3) 检修后的调整不当引起的弯曲

检修时,如果通汽部分轴向间隙调整不合适,使隔板与叶轮或其它部分在运行中发生单向摩擦,轴产生局部过热将造成轴弯曲;如果在更换轴封隔板、汽封或油封时,间隙不均匀或过小,启动后与轴摩擦也将造成轴弯曲;如果转子对中不准,滑销系统未清理干净,或者转子质量不平衡没有消除等情况,在启动过程中将产生较大的振动,致使主轴与静止部件发生摩擦,将造成主轴弯曲;如果汽封或调速汽门检修质量不良有漏汽情况,启停中蒸汽漏入机内也将使轴局部变热而弯曲。

（4）运行中操作不当引起的弯曲

机组启动时，由于运行错误，如转子尚未转动就向轴封送汽暖机，或启动时抽真空过高使进轴封的蒸汽过多、送汽时间过长等问题均会使汽缸内部形成上热下冷，转子受热不均而产生弯曲变形。

机组运行中，若操作不当或自动装置误动作，会发生机组负荷突变、蒸汽温度突变、来自锅炉的水击等，此时转子推力增大，产生较大的不平衡扭力，使转子剧烈振动，并使隔板与叶轮、动叶与静叶之间发生摩擦，进而引起轴弯曲。

机组停机时，由于汽缸与转子冷却速度不一致，以及上下缸冷却速度不一致，形成了上下一定的温差，因而转子上部较下部热，转子下部收缩得快，致使轴向上弯曲。这种弹性弯曲在上下缸温差一致时消失。如果停机后，弹性弯曲还未消失则不再次启动，其间若暖机时间不足，轴仍将处于弹性弯曲状态，此时机组将发生振动，严重时主轴与轴封片发生摩擦，使轴局部受热产生不均匀的热膨胀，引起永久弯曲变形。

2. 主轴弯曲的测量

主轴弯曲度有机械测量和电气测量两种测量方法。机械测量方法简单，但不能得到电信号，也就不能纳入保护系统。该测量方法是在轴端安装千分表，检测转子的晃动度。晃动度之半为轴的弯曲度，也叫做轴的偏心度或挠度。

目前常采用的是电涡流传感器作为检测元件的电气测量方法，并配以模拟电路、数字电路或微处理机对检测信号进行处理，该信号可直接进入保护系统。

7.6.7　机组转速监视

汽轮机是高速旋转机械，运转时各转动部件承受极大的离心力。设计时，转动部件的强度裕量是有限的，一旦汽轮机转速超过设计时的极限，将会发生设备损坏，甚至机毁人亡的严重事故。而对于现代的大功率机组来说，由于机组的惯性越来越小，甩负荷后的飞升速度会更大，因此，为了保护机组的安全，必须严格监视汽轮机的转速并设置超速保护装置。

一般规定汽轮机的转速不允许超过额定转速的 $110\%\sim112\%$，最大不允许超过额定转速的 115%。

1. 超速的原因

① 调速系统有缺陷。汽轮机调速系统的任务不仅保证机组在额定转速下运行，还要保证甩全负荷后转子的转速飞升不超过规定的允许值。假如在调速系统中存在调速汽门不能正常关闭或漏汽量过大、系统的迟缓率过大或部件卡涩、系统的不等率过大、动态特性不良、系统整定不当等因素，调速系统将丧失防止汽轮机

超速的保护功能。

② 汽轮机超速保护系统故障。当转速达到额定转速的 110%～112%时，如果危急遮断装置不动作或动作迟缓，将会引起超速。造成该现象的可能原因有：危急遮断器滑阀卡涩、自动主汽门和调速汽门卡涩、抽汽逆止门不严或拒动等。

③ 运行操作调整不当。如果在运行中同步器的调整超过了规定调整范围，超速试验操作不当，油中逆水，蒸汽带盐，将会造成调速或保护部套卡涩、转速飞升过快的现象。

2. 转速监视装置

转速监视装置能连续测量汽轮机等旋转机械的转速，当转速达到或超过某一设定值时，发出报警信号，并采用相应的保护措施。转速监视装置由转速传感器和监视器组成。转速传感器可以是电涡流传感器，也可以是磁阻传感器。监视器作为对转速的监视和超速的提醒。转速传感器的作用是将转速信号转换成与转速成比例的转速脉冲信号，原理如下。

（1）磁阻测速　图 7.15 为磁阻测速传感器示意图，它由永久磁铁和感应线圈等组成。磁阻测速传感器安装在被测轴上，对着齿顶方向或齿侧方向。

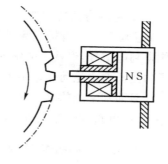

当汽轮机主轴带动齿轮旋转时，齿轮上齿经过测速传感器的软铁磁轭处，使测速传感器的磁阻发生变化。当齿轮的齿顶与磁轭相对时，气隙最小，磁阻最大，磁通最大，线圈产生的感应电动势最小。齿轮每转过一个齿，传感器磁路的磁阻变化一次，因而磁通也变化一次。

图 7.15　磁阻测速传感器

（2）电涡流测速　采用电涡流传感器测速时，在旋转轴上开一条或数条槽，或者在轴上安装一块有轮齿的圆盘或圆板，在有槽的轴或有轮齿的圆板附近装一只电涡流传感器。当轴旋转时，由于槽或齿的存在，电涡流传感器将周期性地改变输出信号电压，此电压经过放大、整形变成脉冲信号，然后输入频率计指示出脉冲数，或者输入专门的脉冲计数电路指示频率值。传感器产生的转速脉冲信号送至数字式转速表或频率计，即可反映出转速值。如果轴上无法安装有轮齿形圆板或者不能开槽，那么也可利用轴上的凹凸部分来产生脉冲信号，例如轴上的键槽等。

3. 零转速监视保护装置

零转速监视保护装置用于监视汽轮机在停机过程中的零转速状态，以确保盘车装置的及时投用。如果转子转速降至零转速而盘车装置不及时投入运行，由于热态汽轮机冷却的不均匀，会使转子产生过大的温差而导致弯轴，从而延长再启动时的盘车时间,甚至造成巨大的经济损失,所以零转速信号是保障汽轮机安全运行的重要信号。

电涡流传感器的低频响应可以为零,可在极低转速时仍能产生相应的脉冲信号,同时由于零转速信号的重要性,一般系统配置两套独立的传感器检测零转速作为监视器的输入。监视器为 3 300/50 转速监视器,对两组输入的零转速信号进行逻辑判断,并产生相应的报警信号,触发盘车装置。

由于被测转速很低,如果采用转速测量中的计数法测频率,则±1 个字的量化误差很大。例如,当频率为 1 Hz 时,门控时间为 1 s 时,其误差将为 100%。为了提高低频测量的准确度,通常采用测周期法,即先测出被测信号的周期,再以周期的倒数来求得被测频率,这样可提高测量准确度。

我国 200 MW 以上机组大多采用国外的 TSI,这些系统的引进始于 20 世纪80 年代,如美国本特利公司的 7200 系列、3300 系列、3500 系列;德国菲利浦公司的 RMS700、EPRO MMS6000 系列;日本新川公司的 VM - 3、VM - 5 系列等。

国产设备仅在一些小容量机组上应用,主要有两种类型:一种是仿本特利早期产品 7200 或飞利浦 RMS700 的模拟分立式或组合式单元仪表,另一类是数据采集器加通用计算机的后台式监测诊断系统。

习题与思考题

7.1 什么情况下会发生炉膛爆燃事故?

7.2 燃煤锅炉在哪些典型工况下会发生爆燃? 在不同工况下一般采用什么措施防止发生爆燃?

7.3 什么是 BMS? BMS 主要包括哪些组成部分? BMS 具有哪些操作和保护功能?

7.4 炉膛火焰检测有哪几种典型测试方式?

7.5 在哪些情况下应发出 FMT 信号?

7.6 TSI 一般检测管理哪些参数? 各典型参数一般用什么原理测量?

附录:热工控制系统常用英文缩写

ADS，Automatic Dispatch System，自动化调度系统

AGC，Automatic Generation Control，自动发电控制

AP，Application Processor，应用处理器

BD,BLOCK DEC,闭锁减

BFPT，Boiler Feeder Water Pump Turbine,锅炉给水泵汽轮机

BI,BLOCK INC,闭锁增

BMS，Burner Management System，燃烧器管理系统

BPS，Bypath Control System，旁路控制系统

CCS，Coordination Control System，协调控制系统

CIPS，Computer Integrated Processing Systems，计算机综合处理系统

DAS，Data Acquisition System，数据采集系统

DCS，Distributed Control System，分布式控制系统

DDC，Direct Digital Control，直接数字控制

DEH，Digital Electric Hydraulic Control，数字电液控制

DPU，Distributed Processing Unit，分散处理单元

ETS，Emergency Tripping System,紧急跳闸系统

FCB，FAST CUT BACK，快速切负荷

FCS，Fieldbus Control System，现场总线控制系统

FDF，Forced Draft Fan，送风机

FSSS，Furnace Safeguard Supervisory System，炉膛安全监控系统

IDF，Induced Draft Fan，引风机

LMCC,Load Management Control Center，负荷管理控制中心

MCR，Maximum Continuous Revolution，最大连续出力

MCS，Modulating Control System，模拟量控制系统

MEH，Mechanical Electric Hydraulic System，机械电液控制系统

MEH，Micro-Electro-Hydraulic Control System,给水泵汽轮机电液控制系统

MFT，Master Fuel Trip，主燃料跳闸

MIS，Management Information System，管理信息系统

PAF，Primary Air Fan，一次风机

RPU，Remote Processing Unit，远程处理单元

RB,RUNBACK，减负荷返回

RD,RUNDOWN，强减负荷

RU,RUNUP，强增负荷

RTP，Real Time Processor，实时处理器

SCS，Sequence Control System，顺序控制系统

SIS,Supervisory Information System，全厂信息管理系统

SLC，Single Loop Controller，单回路调节器

TAS，Turbine Automatic System，汽轮机自启动系统

TSI,Turbine Supervisory Instrument，汽轮机监控仪表

参考文献

[1] 巨林仓. 电厂热工过程自动调节[M]. 西安:西安交通大学出版社,1994.

[2] 王常力,罗安. 分布式控制系统(DCS)设计与应用实例[M]. 北京:电子工业出版社,2004.

[3] 中国动力工程学会. 火力发电设备技术手册[M]. 3卷. 北京:机械工业出版社,2005.

[4] 边立秀,等. 热工控制系统[M]. 北京:中国电力出版社,2006.

[5] 张玉铎. 热工过程自动控制系统[M]. 北京:水利电力出版社,1984.

[6] 巨林仓. 自动控制原理[M]. 北京:中国电力出版社,2007.

[7] 谢麟阁. 自动控制原理[M]. 2版. 北京:水利电力出版社,1991.

[8] Richard C,Dorf Robert H,Bishop. 现代控制系统(英文影印版)[M]. 北京:科学出版社,2002.

[9] 樊泉桂. 超超临界及亚临界参数锅炉[M]. 北京:中国电力出版社,2007.

[10] 俞金寿,蒋慰孙. 过程控制工程[M]. 北京:电子工业出版社,2007.

[11] 范永胜,徐治皋,陈来久. 基于动态特性机理分析的锅炉过热汽温自适应模糊控制系统研究[M]. 中国电机工程学报,1997,17(1):23-28.

[12] 何衍庆,陈积玉,俞金寿. XDPS 分散控制系统[M]. 北京:化学工业出版社,2002.

[13] 何衍庆,俞金寿. 集散控制系统原理及应用[M]. 2版. 北京:化学工业出版社,2002.

[14] 阳宪惠. 现场总线技术及其应用[M]. 北京:清华大学出版社,2000.

[15] 雷霖. 现场总线控制网络技术[M]. 北京:电子工业出版社,2004.